초등 전과목
디지털학습 플랫폼

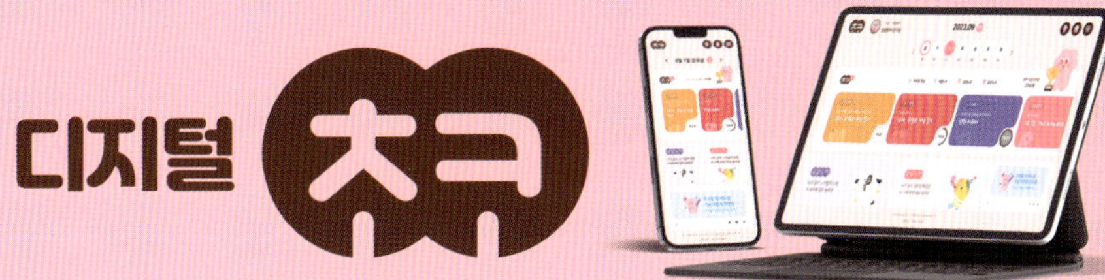

첫 달 100원
무제한 스터디밍

지금 신규 가입하면
첫 달 9,500원 → 100원!

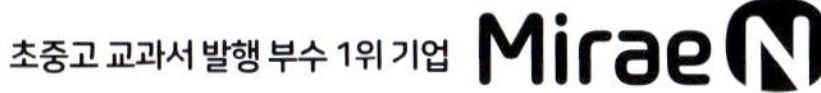

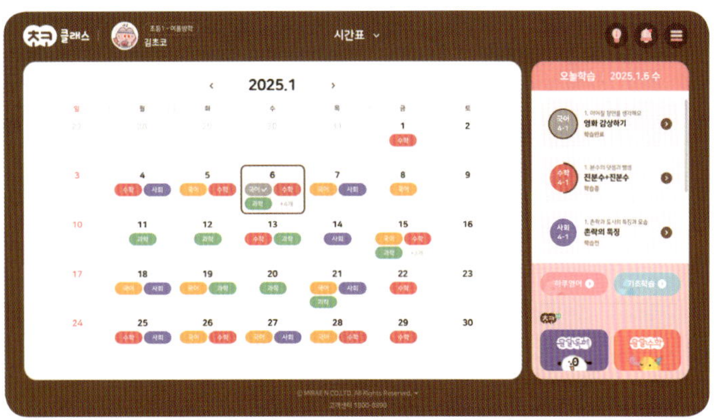

초등 전과목 교과 학습

국어·수학·사회·과학·영어 전과목 교과 학습입니다. 교과 커리큘럼에 따라 과목별 시간표를 제공하여, 초등 핵심 개념을 빈틈없이 학습할 수 있어요. 교과서 발행부수 1위 기업 미래엔의 노하우를 담은 과목별 콘텐츠와 직접 말하고 참여하는 인터랙티브 학습으로 효과적인 초등 코어 학습 시스템을 제공합니다.

달달독해 AI 문해력 강화 솔루션

아이의 독해력과 독서 성향을 파악하여 AI가 딱 맞는 주제와 난이도의 학습을 추천합니다. 어휘-배경지식-지문 3단계 독해 학습으로 수능까지 대비할 수 있습니다.

달달수학 AI 수학 실력 향상 프로그램

수학 학습 성취도 및 성향 분석으로 영역별 강, 약점을 파악하고, 아이의 학습 과정을 실시간으로 분석해 최적의 맞춤 학습을 제공하여, 수학 실력을 향상시킬 수 있습니다.

실속있는 학습 구독의 시작
초코 첫 달 100원 바로가기

※첫 달 100원 프로모션은 당사의 사정에 따라 예고 없이 종료될 수 있습니다.

Mirae N

떨어진 돈 줍기

친구들이 트램펄린에서 뛰어놀다보니 주머니에 있던 돈 중의 일부가 바닥에 떨어졌습니다. 세 친구가 처음에 각각 10000원씩 가지고 있었고 다음과 같이 주머니에 돈이 남았을 때, 친구들이 바닥에서 주워야 하는 돈을 선으로 묶으세요.

17

18

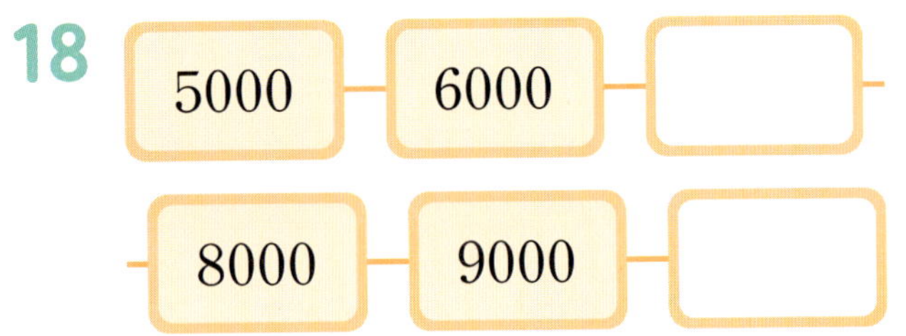

19

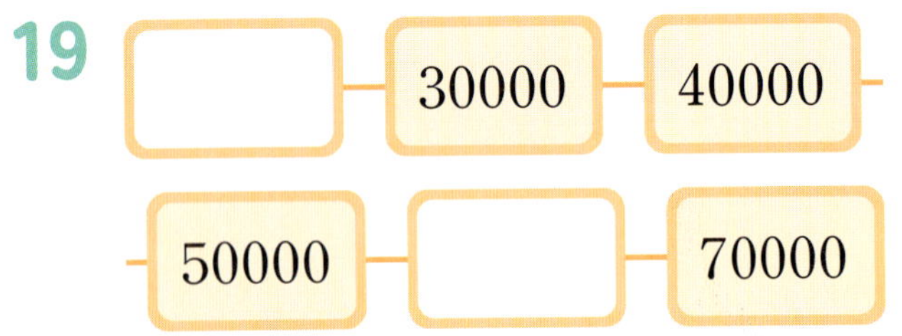

20

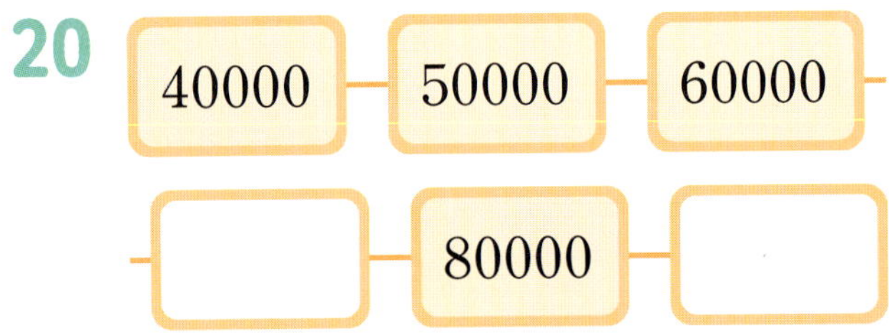

21

1000이 10개인 수		
1010	만	10000

22

10000이 3개인 수		
3만	3000	삼만

23

10000이 5개인 수		
오만	50000	오천

24

10000이 8개인 수		
80000	팔천	8만

지원이는 하루에 10000걸음씩 걸으려고 합니다. 오늘 오전까지 3000걸음을 걸었다면 오늘 몇 걸음을 더 걸어야 하나요?

10000은 3000보다 ☐ 만큼 더 큰 수입니다.

따라서 오늘 ☐ 걸음을 더 걸어야 합니다.　　　　답 ☐ 걸음

5 20000

6 50000

7 30000

8 70000

9 60000

10 90000

11 일만

12 사만

13 이만

14 육만

15 오만

16 팔만

❶ 만, 몇만 알아보기

● 만을 알아볼까요?

1000이 10개인 수를 **10000** 또는 **1만**이라 쓰고, **만** 또는 **일만**이라고 읽습니다.

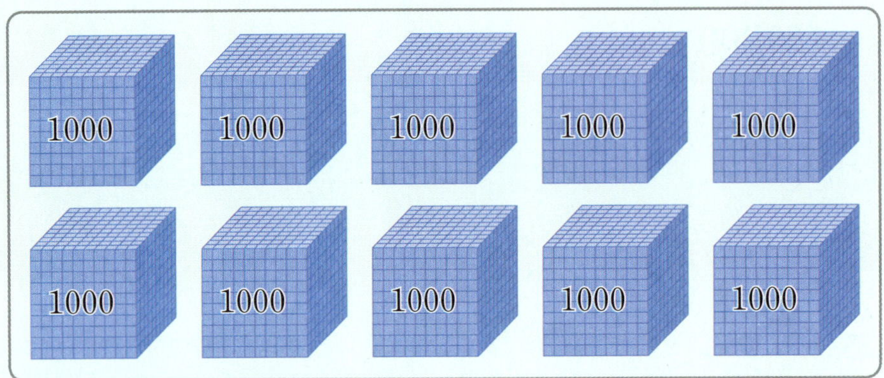

● 몇만을 알아볼까요?

수	쓰기	읽기		수	쓰기	읽기
10000이 2개	20000	이만		10000이 6개	60000	육만
10000이 3개	30000	삼만		10000이 7개	70000	칠만
10000이 4개	40000	사만		10000이 8개	80000	팔만
10000이 5개	50000	오만		10000이 9개	90000	구만

1~4 ☐ 안에 알맞은 수를 써넣으세요.

1 10000은 9000보다 ☐ 만큼 더 큰 수입니다.

2 10000은 9900보다 ☐ 만큼 더 큰 수입니다.

3 10000은 9990보다 ☐ 만큼 더 큰 수입니다.

4 10000은 9999보다 ☐ 만큼 더 큰 수입니다.

사다리 타기

사다리 타기는 세로선을 따라 아래로 내려가다가 가로선을 만나면 가로로 이동하고, 다시 세로선을 만나면 세로선을 따라 아래로 내려가는 놀이입니다. 주어진 수의 각 자리의 숫자를 사다리를 타고 내려가서 도착한 곳에 써넣으세요.

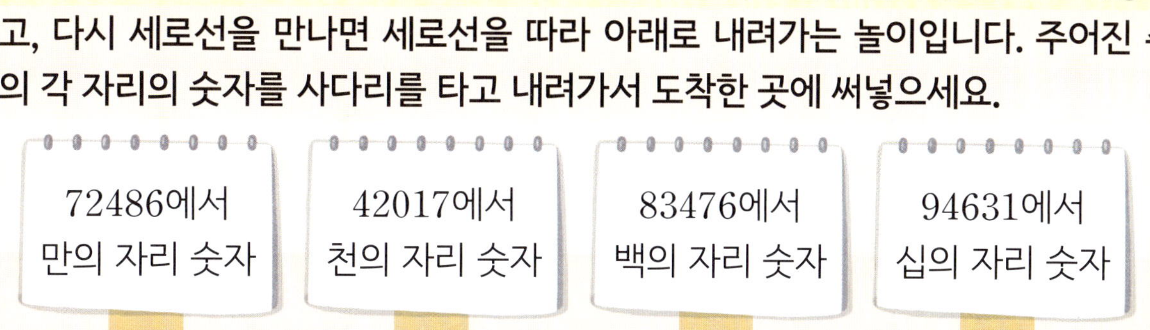

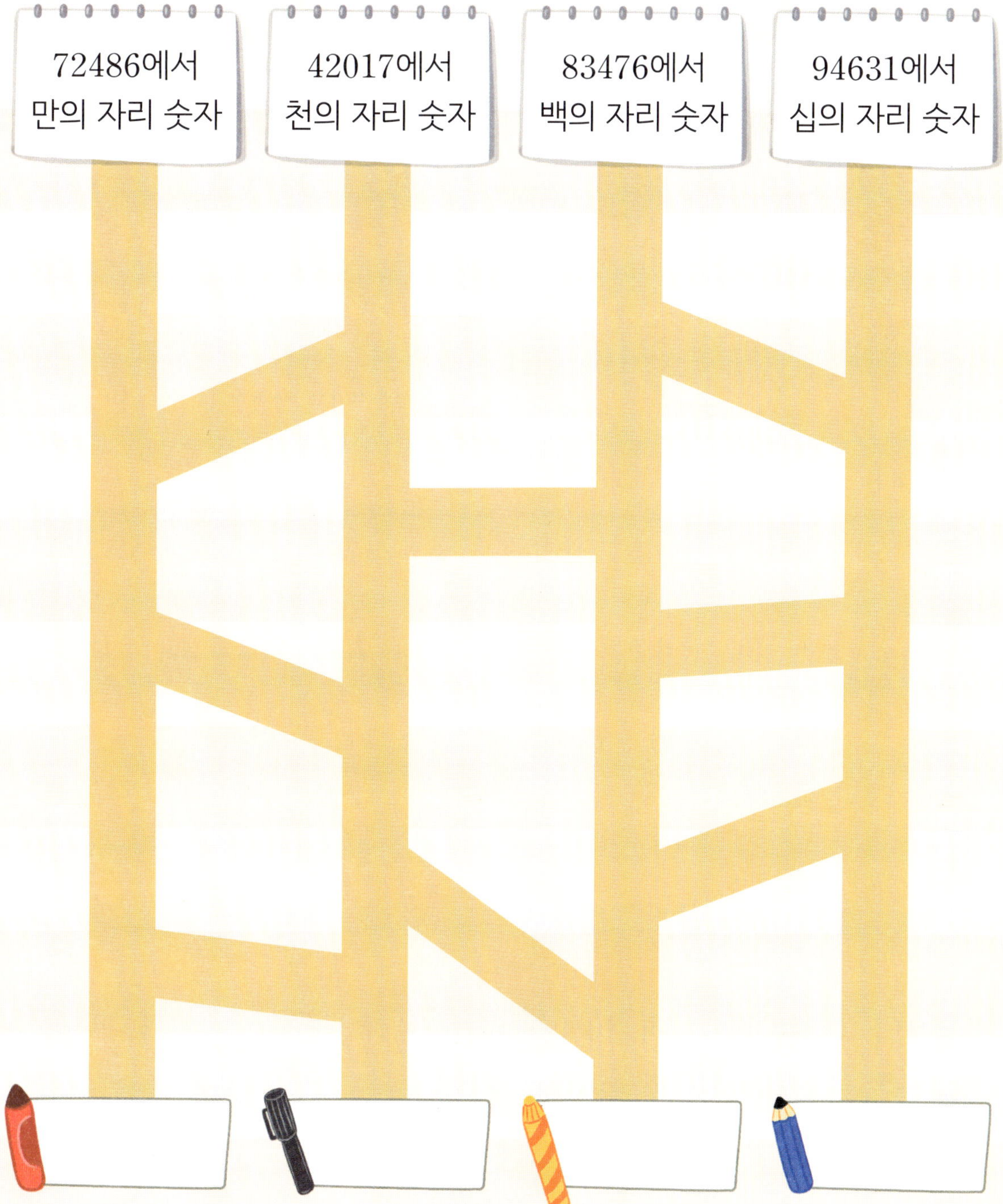

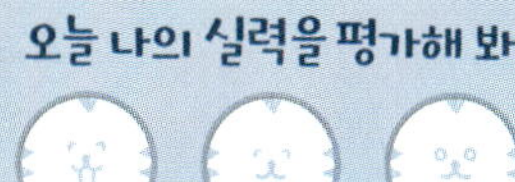
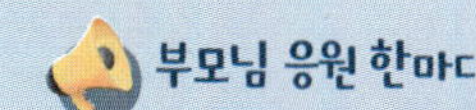

17 26935

$=20000+$ ☐ $+900$

$+$ ☐ $+5$

18 84172

$=$ ☐ $+4000+$ ☐

$+70+2$

19 37056

$=30000+$ ☐ $+$ ☐ $+6$

20 90481

$=$ ☐ $+$ ☐ $+80+1$

21 13654 → ☐

22 56438 → ☐

23 49602 → ☐

24 80146 → ☐

문구점에 구슬이 10000개씩 6상자, 1000개씩 5상자, 100개씩 2상자 있습니다. 문구점에 있는 구슬은 모두 몇 개인가요?

10000개씩 6상자　　1000개씩 5상자　　100개씩 2상자

☐ $+5000+$ ☐ $=$ ☐

따라서 문구점에 있는 구슬은 모두 ☐ 개입니다.　　답 ☐ 개

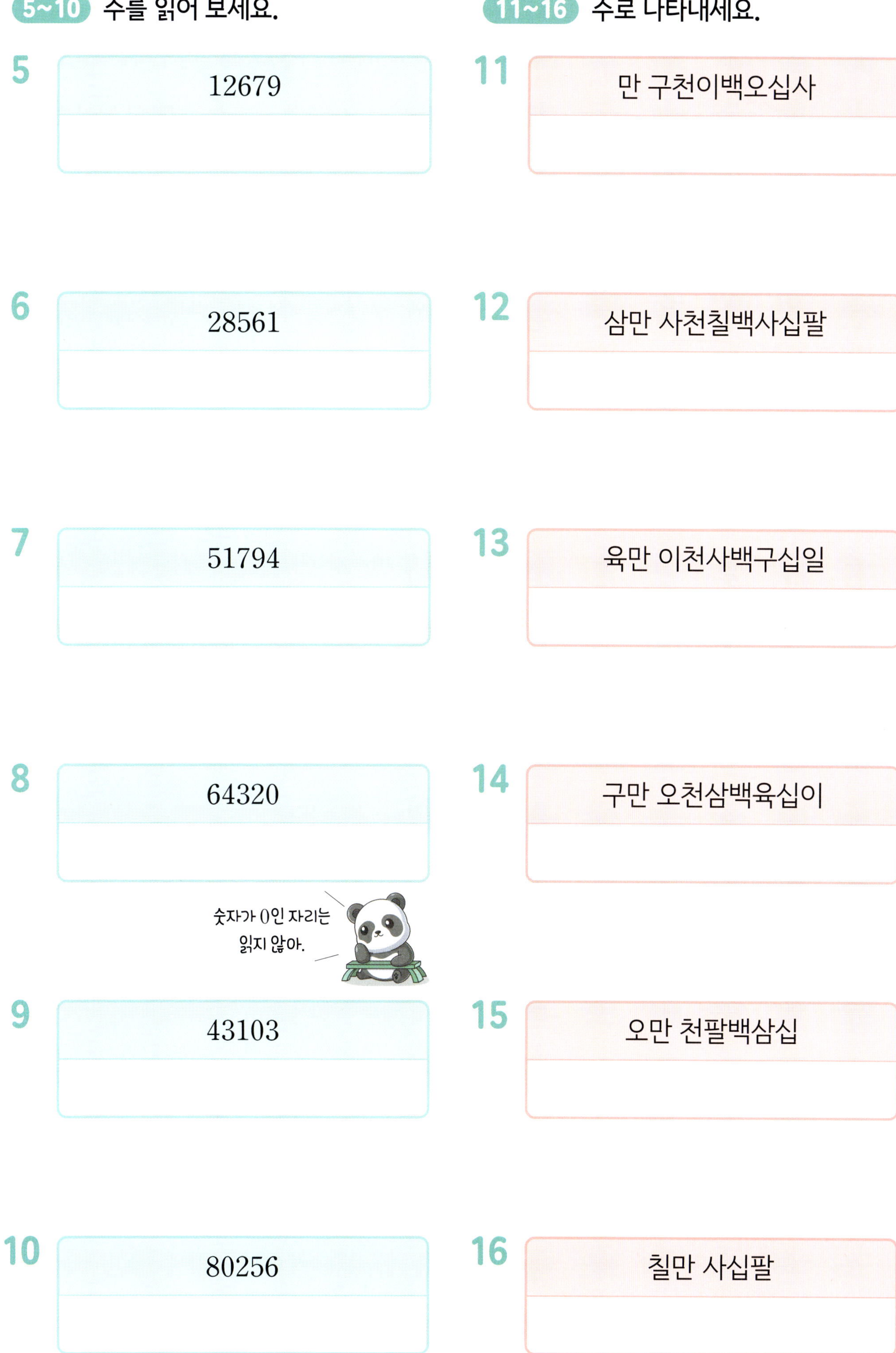

5~10 수를 읽어 보세요.

5 12679

6 28561

7 51794

8 64320

9 43103

10 80256

11~16 수로 나타내세요.

11 만 구천이백오십사

12 삼만 사천칠백사십팔

13 육만 이천사백구십일

14 구만 오천삼백육십이

15 오만 천팔백삼십

16 칠만 사십팔

❷ 다섯 자리 수 알아보기

● **다섯 자리 수를 알아볼까요?**

10000이 2개 ─
1000이 7개 ─
100이 4개 ── 인 수를 27495라 쓰고, 이만 칠천사백구십오라고 읽습니다.
10이 9개 ─
1이 5개 ─

● **27495에서 각 자리의 숫자가 나타내는 수를 알아볼까요?**

	만의 자리	천의 자리	백의 자리	십의 자리	일의 자리
각 자리의 숫자	2	7	4	9	5
나타내는 수	20000	7000	400	90	5

$$27495 = 20000 + 7000 + 400 + 90 + 5$$

1~4 □ 안에 알맞은 수를 써넣으세요.

1
10000이 1개 ─
1000이 2개 ─
100이 6개 ── 인 수 ➡ [　　　]
10이 3개 ─
1이 7개 ─

3
10000이 5개 ─
1000이 9개 ─
100이 2개 ── 인 수 ➡ [　　　]
10이 1개 ─
1이 3개 ─

2
10000이 3개 ─
1000이 5개 ─
100이 7개 ── 인 수 ➡ [　　　]
10이 4개 ─
1이 8개 ─

4
10000이 7개 ─
1000이 6개 ─
100이 0개 ── 인 수 ➡ [　　　]
10이 4개 ─
1이 9개 ─

동물 찾기

2819473500000000에 대한 각 칸의 설명을 읽고 다음과 같이 이동하면 도윤이 가 좋아하는 동물을 알 수 있습니다. 도윤이가 좋아하는 동물을 찾아 ○표 하세요.

- 설명이 맞으면 오른쪽 아래로 이동합니다.
- 설명이 틀리면 왼쪽 아래로 이동합니다.

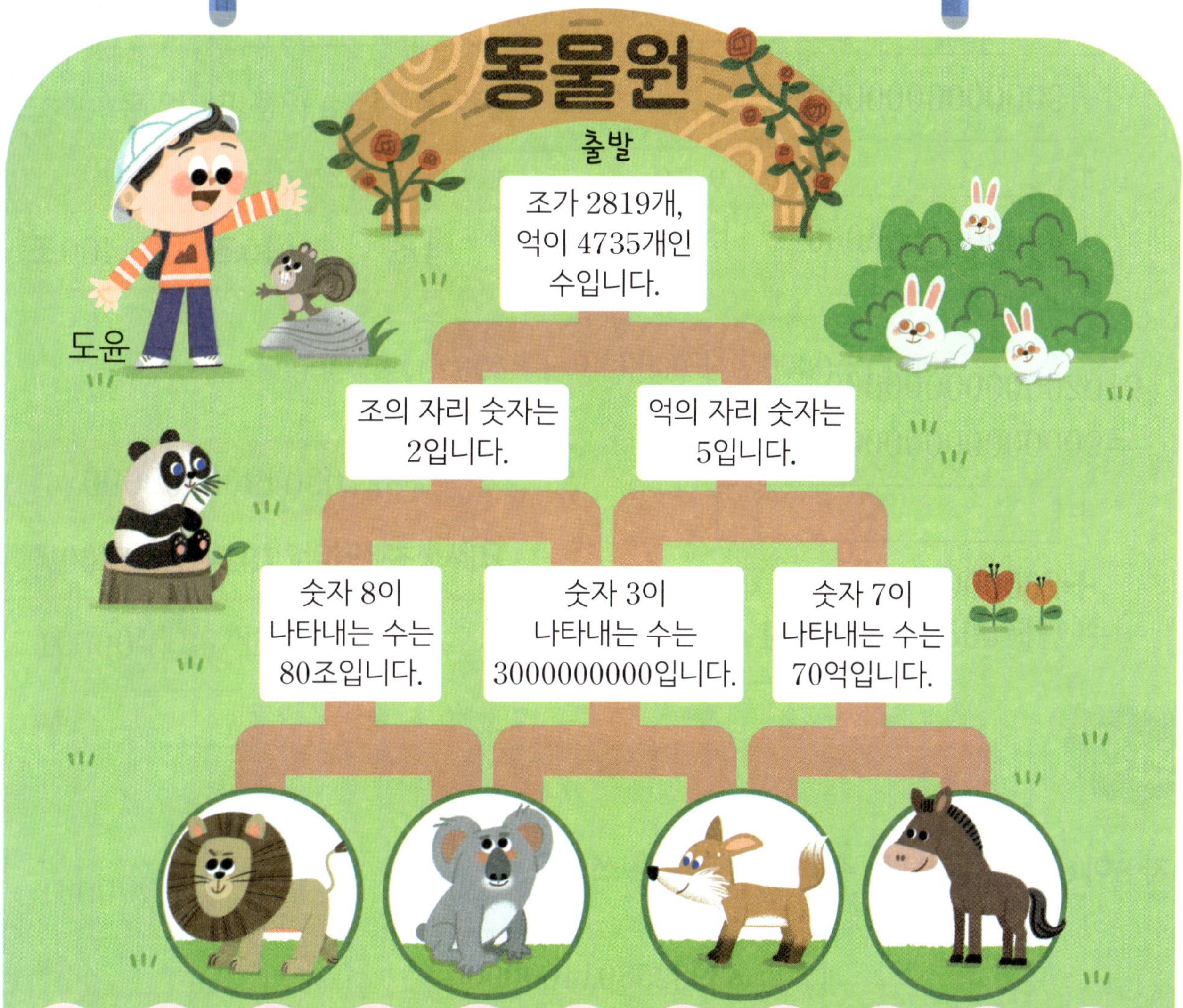

⑤ 조 알아보기

● 조를 알아볼까요?

수	쓰기	읽기
1000억이 10개인 수	1000000000000 또는 1조	조 또는 일조
1조가 4763개인 수	4763000000000000 또는 4763조	사천칠백육십삼조

● 4763000000000000는 얼마만큼의 수인지 알아볼까요?

4	7	6	3	0	0	0	0	0	0	0	0	0	0	0	0
천	백	십	일	천	백	십	일	천	백	십	일	천	백	십	일
			조				억				만				일

$$4763000000000000 = 4000000000000000 + 700000000000000$$
$$+ 60000000000000 + 3000000000000$$

1~6 설명하는 수가 얼마인지 쓰세요.

1 1조가 24개인 수

➡

2 1조가 617개인 수

➡

3 1조가 9305개인 수

➡

4 1조가 375개, 1억이 4986개인 수

➡

5 1조가 5194개, 1억이 2087개인 수

➡

6 1조가 7428개, 1억이 50개인 수

➡

19 217300000000

$$= 200000000000$$
$$+ \boxed{}$$
$$+ 7000000000$$
$$+ \boxed{}$$

20 496800000000

$$= \boxed{}$$
$$+ 90000000000$$
$$+ \boxed{}$$
$$+ 800000000$$

21 820600000000

$$= 800000000000$$
$$+ \boxed{}$$
$$+ 600000000$$

22

186200000000		
10억	100억	1000억

23

394500000000		
4억	40억	400억

24

623005040000		
20억	200억	2000억

25

940800230000		
8억	80억	800억

연산 +

㉠과 ㉡이 나타내는 수를 각각 구하세요.

130490357000
㉠　　　㉡

㉠ 3은 (천억 , 백억 , 십억 , 억)의 자리 숫자이므로 $\boxed{}$ 을 나타내고

㉡ 3은 (천만 , 백만 , 십만 , 만)의 자리 숫자이므로 $\boxed{}$ 을 나타냅니다.

답 ㉠: $\boxed{}$, ㉡: $\boxed{}$

글자 완성하기

곤충들이 설명하는 수에 해당하는 글자를 꽃에서 찾아 □ 안에 써넣으세요.

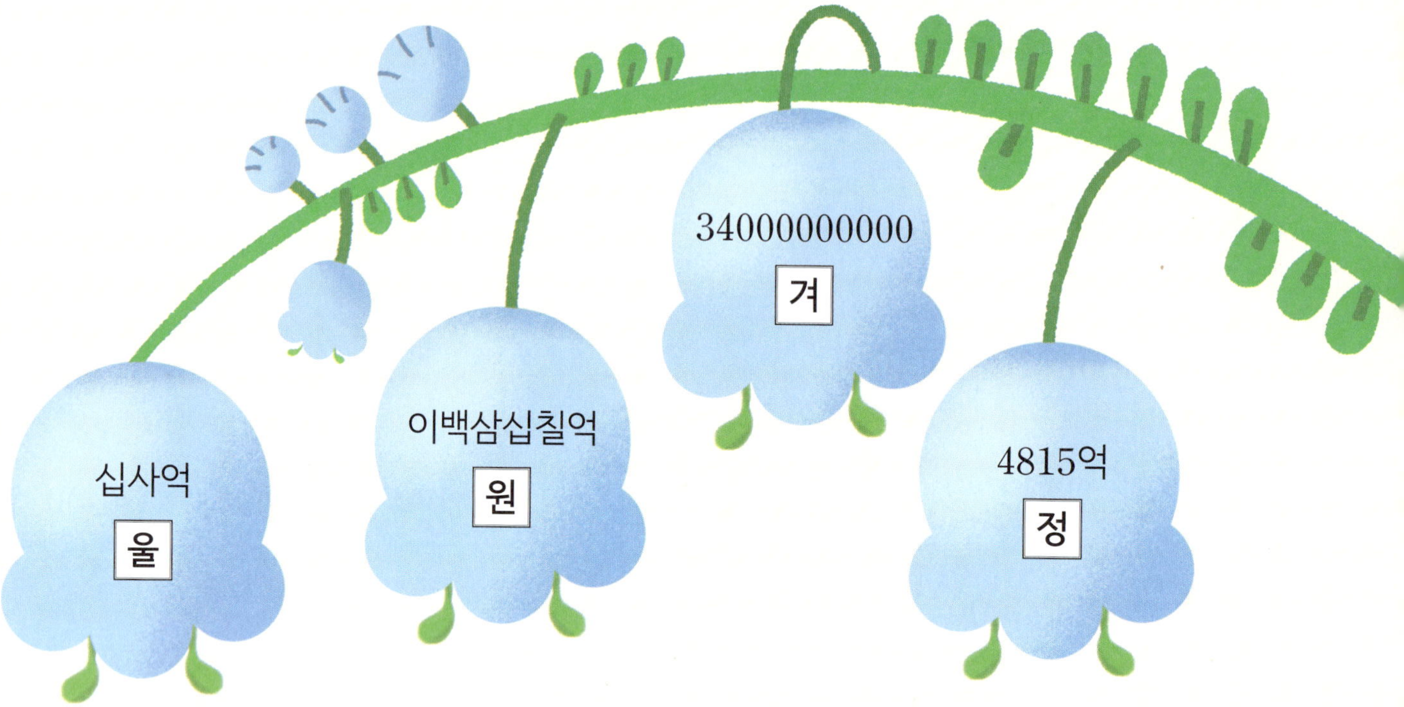

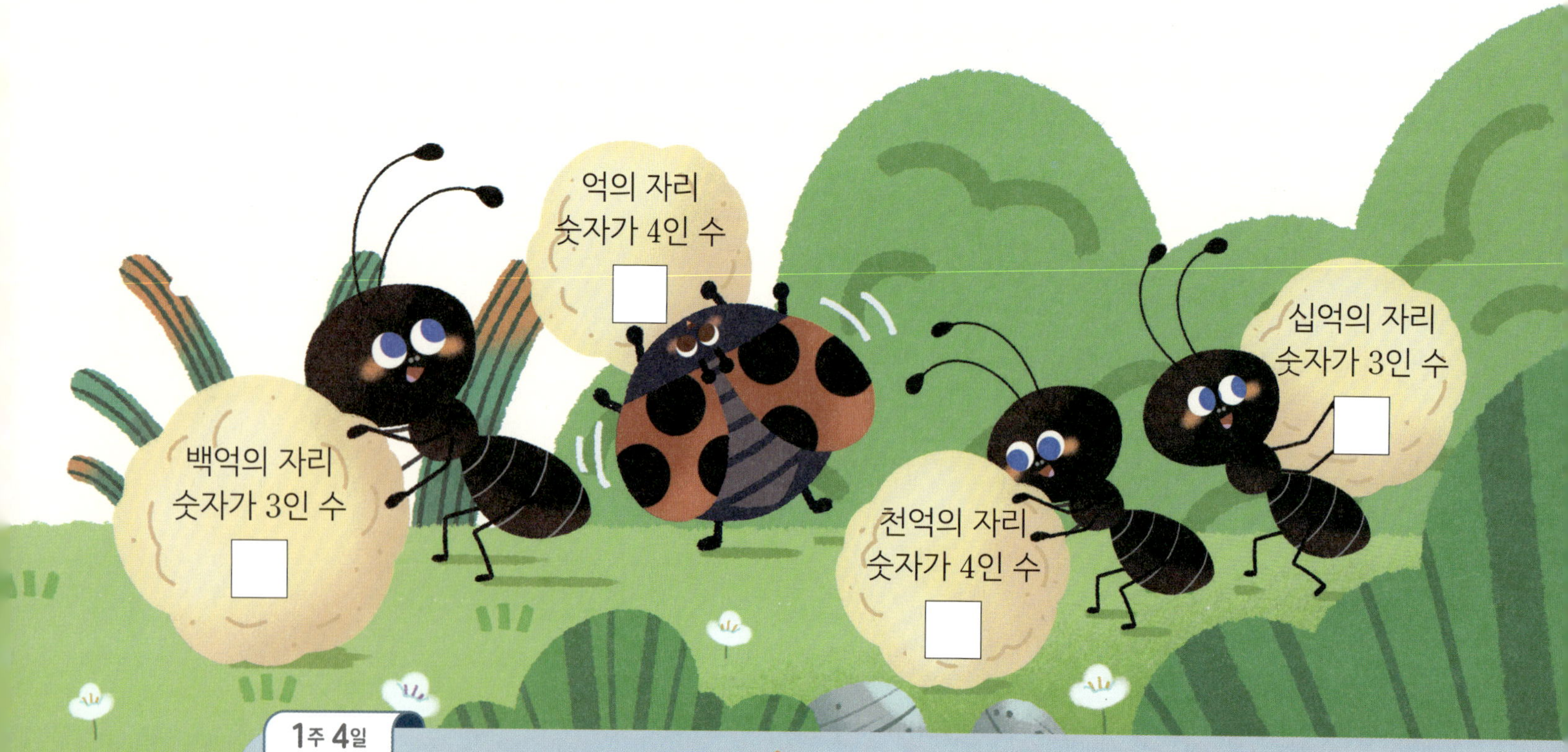

34000000000
겨

이백삼십칠억
원

십사억
울

4815억
정

억의 자리
숫자가 4인 수
□

십억의 자리
숫자가 3인 수
□

백억의 자리
숫자가 3인 수
□

천억의 자리
숫자가 4인 수
□

19 19320000

$= 10000000 + \boxed{}$

$ + 300000 + \boxed{}$

20 38540000

$= \boxed{} + 8000000$

$ + \boxed{} + 40000$

21 62970000

$= \boxed{} + 2000000$

$ + 900000 + \boxed{}$

22 81050000

$= 80000000 + \boxed{}$

$ + 50000$

23 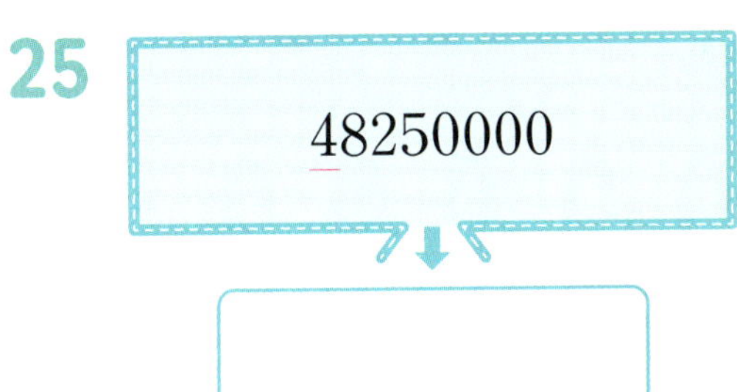

24

25

26 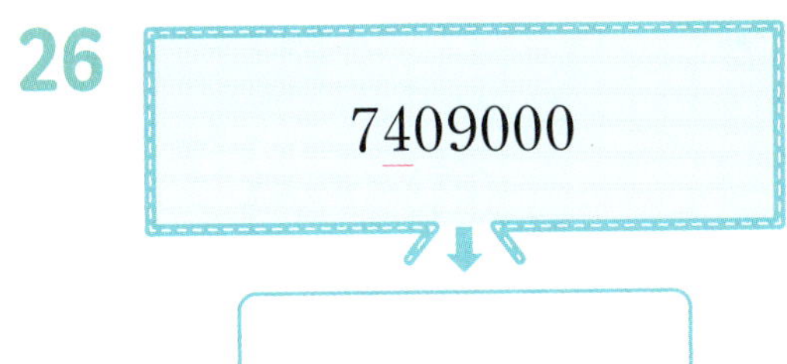

420000원을 만 원짜리 지폐로 모두 바꾸려고 합니다. 만 원짜리 지폐 몇 장으로 바꿀 수 있나요?

420000은 10000의 $\boxed{}$ 개인 수입니다.

따라서 420000원은 만 원짜리 지폐 $\boxed{}$ 장으로 바꿀 수 있습니다.　　　답 $\boxed{}$ 장

색칠하기

설명에 해당하는 수를 찾아 같은 색으로 색칠하세요.

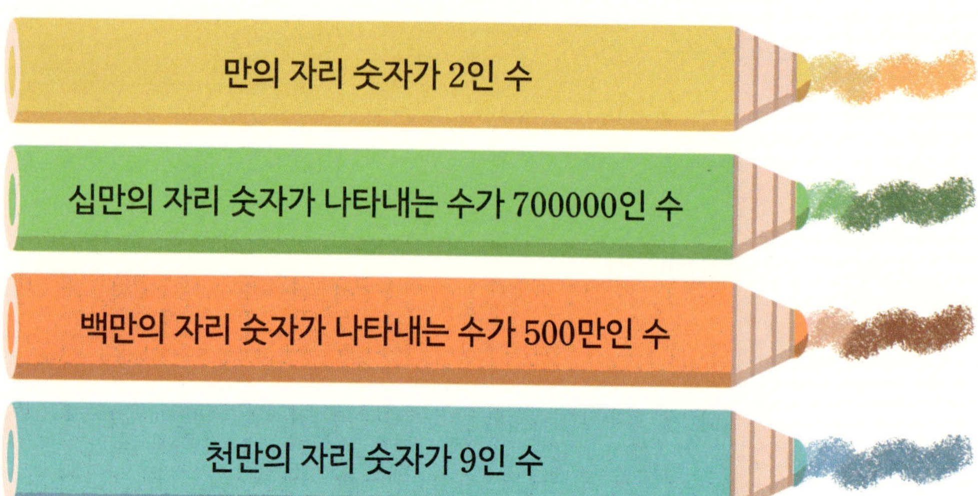

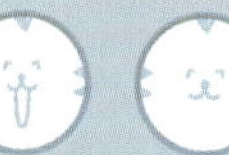

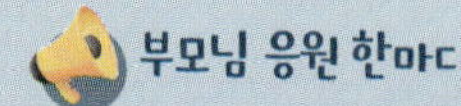

2주 1일

❻ 뛰어 세기

● 뛰어 세어 볼까요?

- 18000 — 28000 — 38000 — 48000 — 58000 — 68000
  ➡ 만의 자리 수가 1씩 커지므로 10000씩 뛰어 센 것입니다.
- 320억 — 330억 — 340억 — 350억 — 360억 — 370억
  ➡ 십억의 자리 수가 1씩 커지므로 10억씩 뛰어 센 것입니다.
- 420조 — 520조 — 620조 — 720조 — 820조 — 920조
  ➡ 백조의 자리 수가 1씩 커지므로 100조씩 뛰어 센 것입니다.

1~4 규칙에 따라 뛰어 세어 보세요.

1 10000씩 뛰어 세기

| 25000 | 35000 | 45000 | | |

2 10만씩 뛰어 세기

| 530만 | 540만 | | 560만 | |

3 100억씩 뛰어 세기

| 4500억 | 4600억 | | | 4900억 |

4 1조씩 뛰어 세기

| 347조 | | 349조 | | 351조 |

5

| 153000 | 163000 | 173000 | 183000 | 193000 |

➡ [　　　　] 씩 뛰어 세었습니다.

6

| 42860000 | 43860000 | 44860000 | 45860000 | 46860000 |

➡ [　　　　] 씩 뛰어 세었습니다.

7

| 27억 113만 | 28억 113만 | 29억 113만 | 30억 113만 | 31억 113만 |

➡ [　　　　] 씩 뛰어 세었습니다.

8

| 6025억 | 6045억 | 6065억 | 6085억 | 6105억 |

➡ [　　　　] 씩 뛰어 세었습니다.

9

| 599조 40억 | 609조 40억 | 619조 40억 | 629조 40억 | 639조 40억 |

➡ [　　　　] 씩 뛰어 세었습니다.

10

| 8165조 | 8465조 | 8765조 | 9065조 | 9365조 |

➡ [　　　　] 씩 뛰어 세었습니다.

11
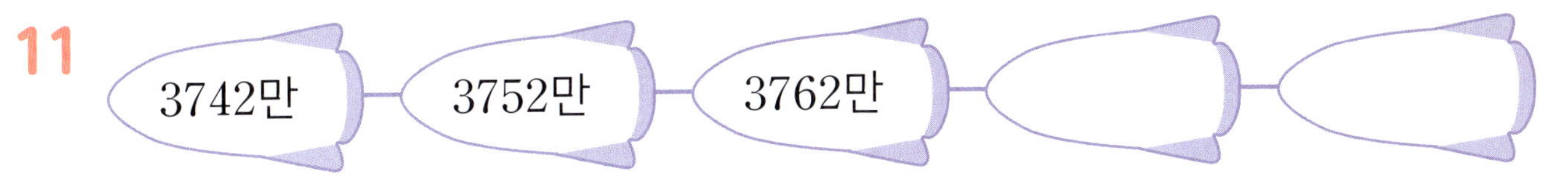

12
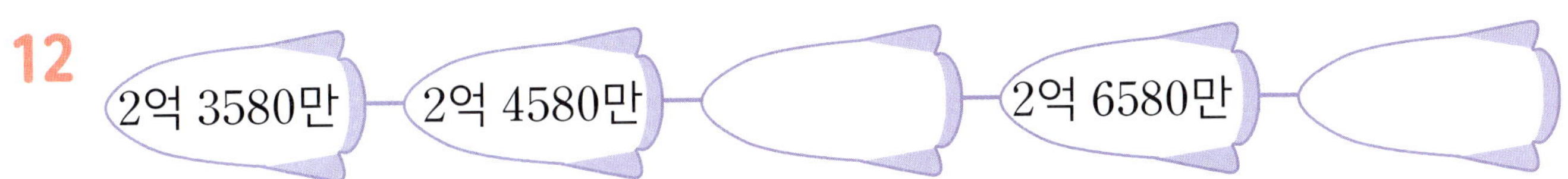

13
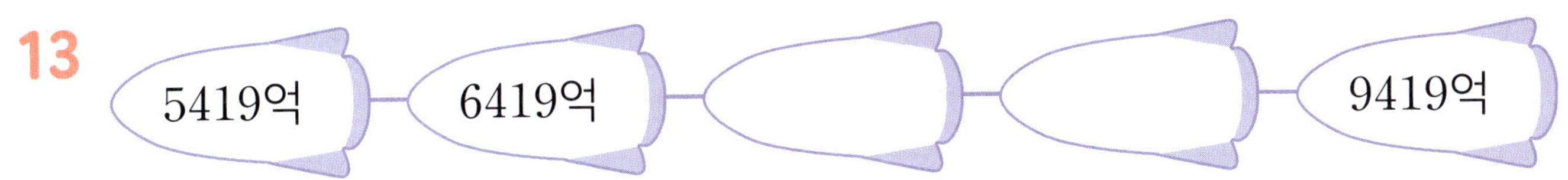

14
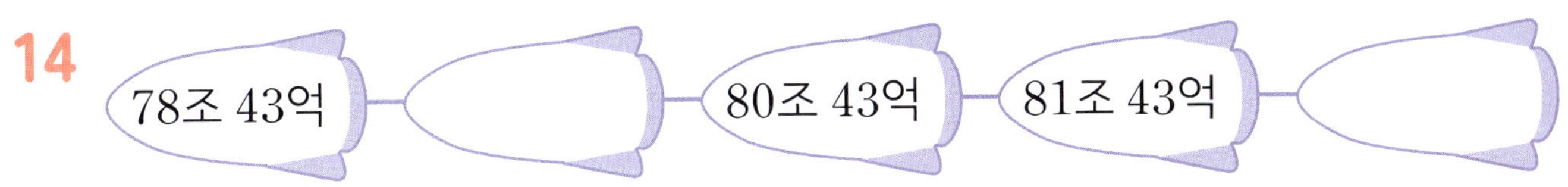

15
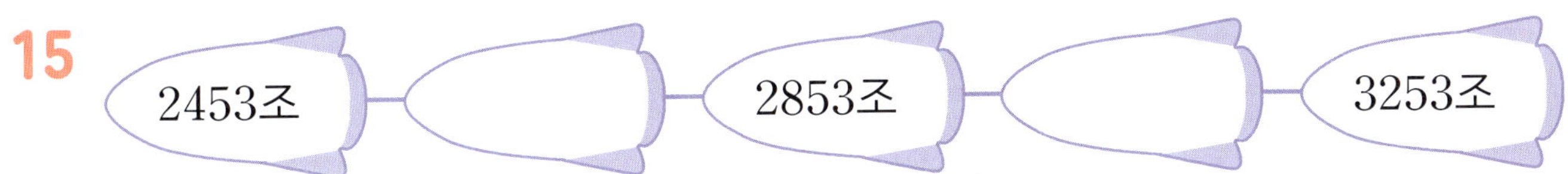

솔이가 저금통에 모은 돈은 12만 원입니다. 매월 2만 원씩 모은다면 3개월 후 솔이가 모은 돈은 모두 얼마가 되나요?

3개월 후 솔이가 모은 돈은 12만 원에서 2만 원씩 ☐ 번 뛰어 센 것과 같습니다.

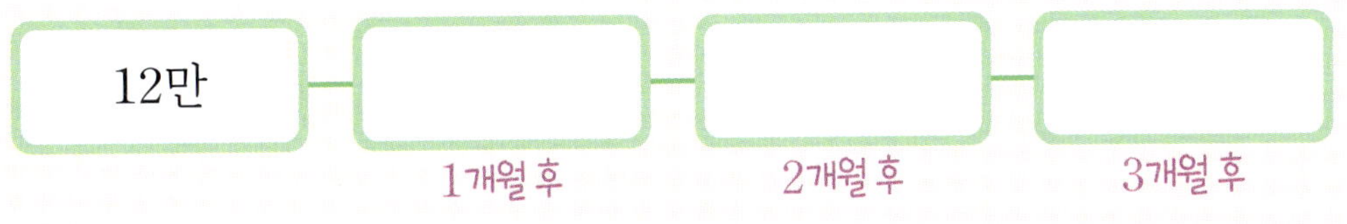

답 ☐ 원

집에 가는 길

850억부터 30억씩 뛰어 세어 펭귄이 집에 가는 길을 선으로 이으세요.

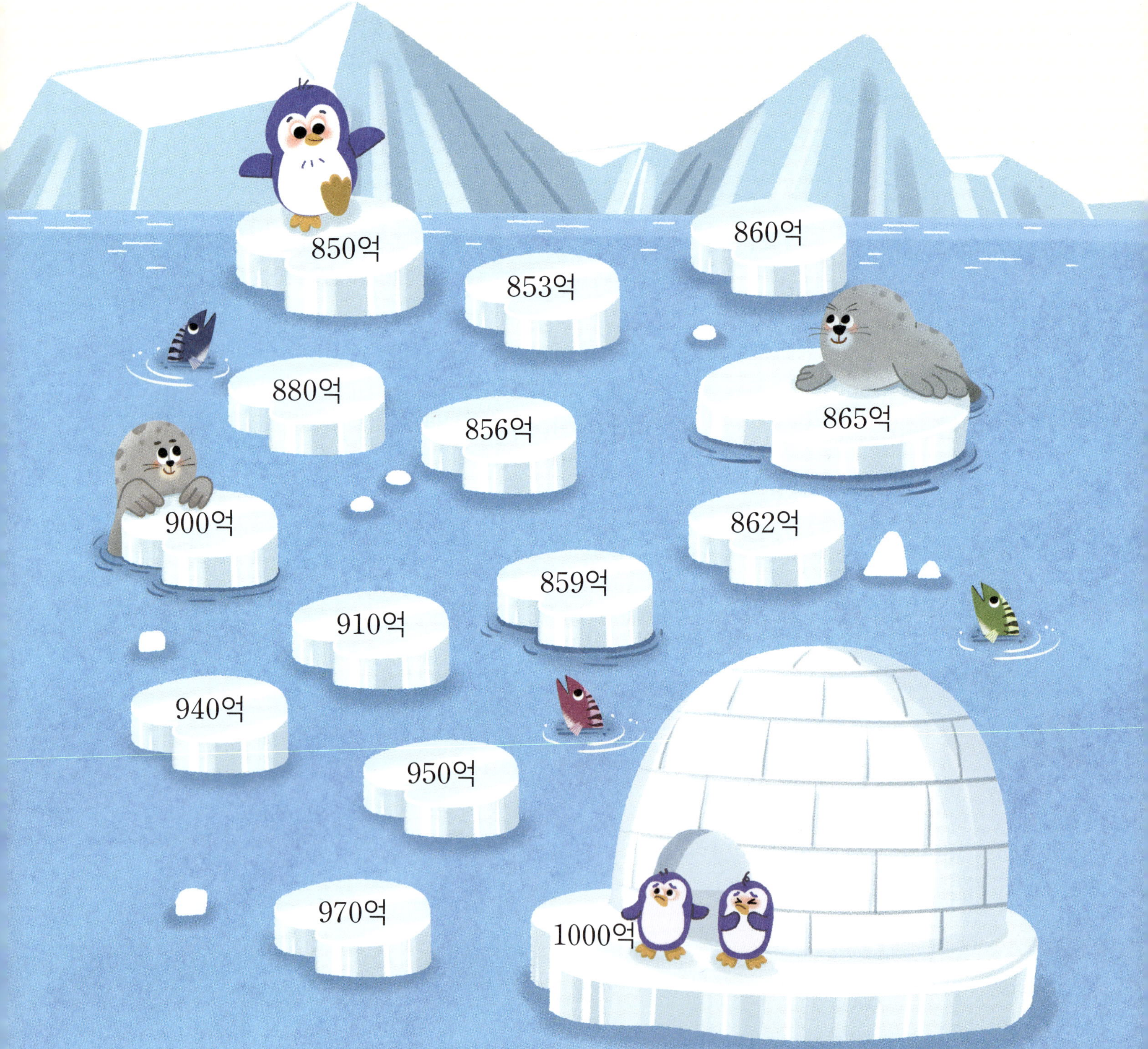

📖 교과서 큰 수

7 큰 수의 크기 비교

● 큰 수의 크기를 비교해 볼까요?

자리 수를 세어 비교해 봅니다.

자리 수가 다른 경우	자리 수가 같은 경우
자리 수가 많은 쪽이 더 큰 수입니다.	가장 높은 자리 수부터 차례로 비교하여 수가 큰 쪽이 더 큰 수입니다.

• 13000000과 7000000의 크기 비교

천만	백만	십만	만	천	백	십	일
1	3	0	0	0	0	0	0
	7	0	0	0	0	0	0

13000000 > 7000000

8자리 수   7자리 수

• 24068351과 24863197의 크기 비교

천만	백만	십만	만	천	백	십	일
2	4	0	6	8	3	5	1
2	4	8	6	3	1	9	7

24068351 < 24863197

0 < 8

1~2 □ 안에 알맞은 수를 써넣고, 두 수의 크기를 비교하여 ○ 안에 >, =, <를 알맞게 써넣으세요.

1

5	0	0	0	0	0
	3	0	0	0	0
		1	0	0	0

8	0	0	0	0
	5	0	0	0
		2	0	0

[ ] ○ [ ]

2

4	0	0	0	0	0
	7	0	0	0	0
		8	0	0	0

4	0	0	0	0	0
	7	0	0	0	0
		9	0	0	0

[ ] ○ [ ]

3~24 두 수의 크기를 비교하여 ◯ 안에 >, =, <를 알맞게 써넣으세요.

3 28000 ◯ 170000

4 537462 ◯ 190986

5 63569762 ◯ 6395762

6 84620000 ◯ 371200000

7 195400000 ◯ 19440000

8 2875643512 ◯ 2387516435

9 4801536000 ◯ 4800169000

10 70237620000 ◯ 70238040000

11 3만 3950 ◯ 3만 3900

12 152만 ◯ 47만

13 645만 200 ◯ 645억 20만

14 1억 5000만 ◯ 1억 4960만

15 63억 4028만 ◯ 64억 58만

16 35억 8213만 ◯ 341억 931만

17 99조 3007만 ◯ 99조 307억

18 860조 9억 ◯ 537조 32억

19 660만 742 ◯ 660742

20 2849106 ◯ 285만 5960

21 438억 5642만 ◯ 4385642000

22 35740121035 ◯ 357억 4013

23 21조 ◯ 9169331800000

24 30165702315689 ◯ 30조 20억

25~27 가장 큰 수에 ◯표, 가장 작은 수에 △표 하세요.

25

23460	(	)
215000	(	)
19750	(	)

26

63억 470만	(	)
63억 4007만	(	)
360억	(	)

27

11조 7200만	(	)
10조 46억	(	)
10조 5892억	(	)

연산⁺

사랑 마을에는 3459302명, 행복 마을에는 3470200명이 살고 있습니다. 사랑 마을과 행복 마을 중에서 인구수가 더 많은 마을은 어디인가요?

사랑 마을: ☐ 명, 행복 마을: ☐ 명

3459302 ◯ 3470200이므로 인구수가 더 많은 마을은 (사랑 , 행복) 마을입니다.

답 ☐ 마을

보물 찾기

장군이 성의 가장 높은 곳으로 올라가면 보물을 얻을 수 있습니다. 각 층에 수가 2개면 더 큰 수를, 3개면 가장 큰 수를 선택할 때, 장군이 서 있는 층에서 한 층 더 위로 올라갈 수 있습니다. 장군이 각 층에서 선택해야 하는 수에 ◯표 하세요.

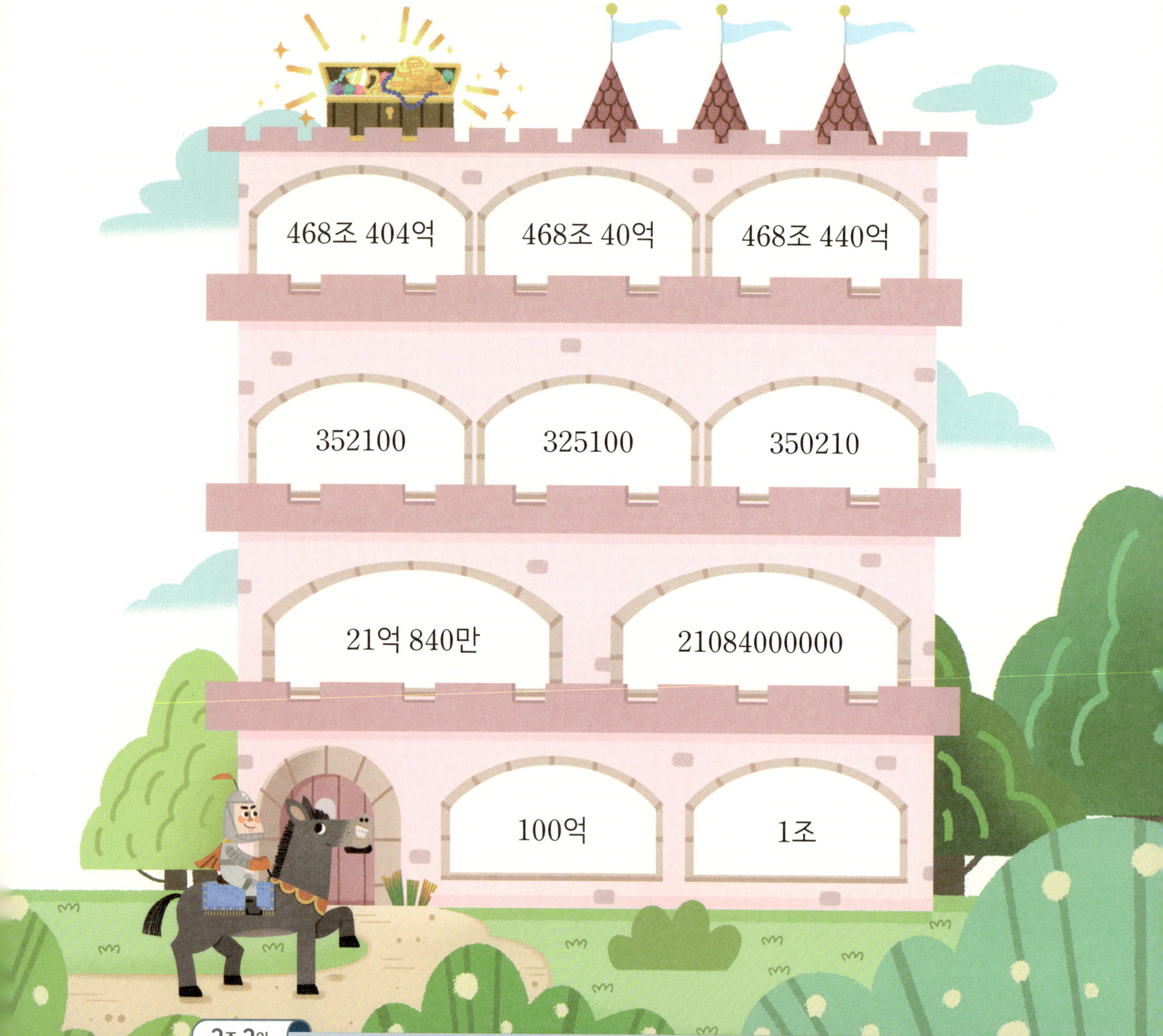

 교과서 **큰 수**

마무리 연산

1~4 설명하는 수가 얼마인지 쓰세요.

1 1000이 10개인 수

( )

2 10000이 376개인 수

( )

3 1억이 5748개인 수

( )

4 1조가 6020개인 수

( )

5~8 수를 읽어 보세요.

5 75083

6 49051800

7 324070000

8 650914100000000

9~12 수로 나타내세요.

9 이만 육천사백삼

10 삼십오만 칠백사십이

11 이백팔십억 삼천백육만

12 칠십조 팔천사억 오천백구만

13~16 밑줄 친 숫자가 나타내는 수를 빈칸에 써넣으세요.

13 1460000 → (　　)

15 615800000000 → (　　)

14 2803000 → (　　)

16 4927000000000000 → (　　)

17~18 규칙에 따라 뛰어 세어 보세요.

17 10000씩 뛰어 세기

36190	46190		66190	

18 1000억씩 뛰어 세기

8조 8300억		9조 300억		9조 2300억

19~22 두 수의 크기를 비교하여 ○ 안에 >, =, <를 알맞게 써넣으세요.

19 4060000 ○ 810000

21 20억 851만 ○ 20억 2047만

20 3251000000 ○ 3259000000

22 8조 60억 ○ 9308억

23 10000이 아닌 수를 말한 친구의 이름을 쓰세요.

(   )

24 ㉠이 나타내는 수는 ㉡이 나타내는 수의 몇 배인지 구하세요.

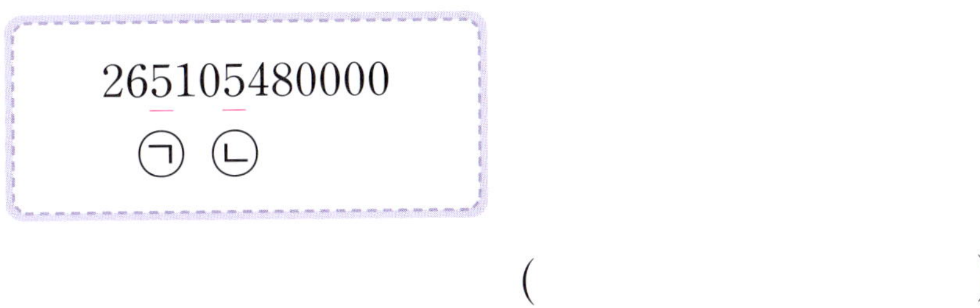

(   )

25 뛰어 세는 규칙을 찾아 빈칸에 알맞은 수를 써넣으세요.

26 0부터 9까지의 수 중에서 □ 안에 들어갈 수 있는 수를 모두 구하세요.

(   )

27 백만의 자리 숫자가 가장 큰 수를 찾아 기호를 쓰세요.

> ㉠ 3052491   ㉡ 2680000   ㉢ 19270013   ㉣ 50486319

 답 ______________________________

28 100만 원짜리 수표로 1억을 만들려고 합니다. 100만 원짜리 수표는 모두 몇 장 필요한가요?

 답 ______________________________

29 예나네 가족이 올해 기부한 돈은 360만 원입니다. 예나네 가족이 내년부터 매년 10만 원씩 기부한다면 5년 후 예나네 가족이 기부한 돈은 모두 얼마가 되나요?

 답 ______________________________

30 태양과 행성 사이의 거리를 나타낸 것입니다. 태양으로부터 가장 멀리 있는 행성의 이름을 쓰세요.

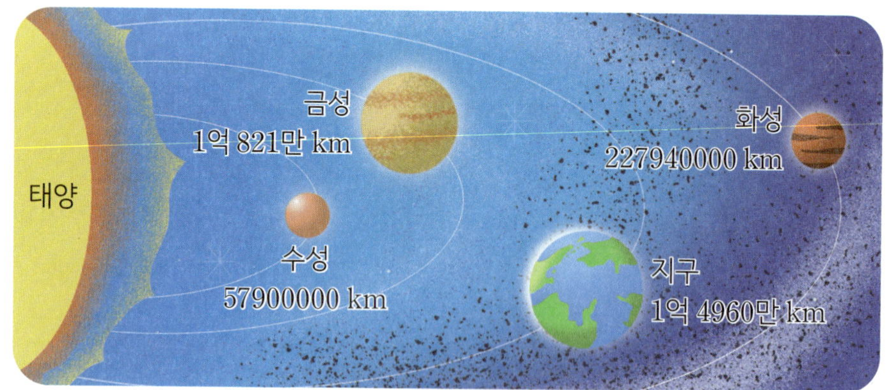

 답 ______________________________

오늘 나의 실력을 평가해 봐!   🦭 부모님 응원 한마디

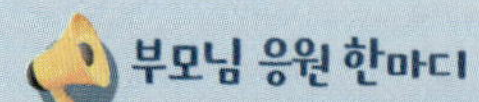

📖 교과서 **각도**

❶ 각도의 합(1)

● $50°+30°$를 계산해 볼까요?

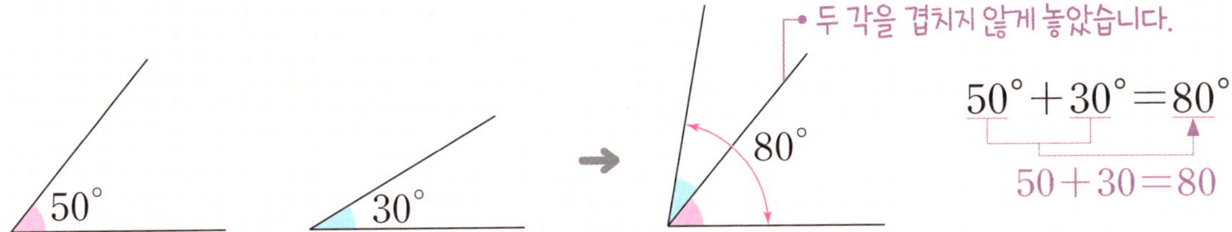

> 자연수의 덧셈과 같은 방법으로 계산한 후 단위(°)를 붙입니다.

1~6 각도의 합을 구하려고 합니다. □ 안에 알맞은 수를 써넣으세요.

1

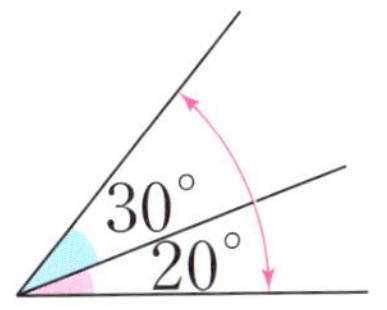

$20°+30°=$ □ $°$

4

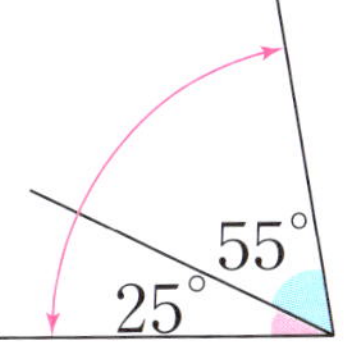

$25°+55°=$ □ $°$

2

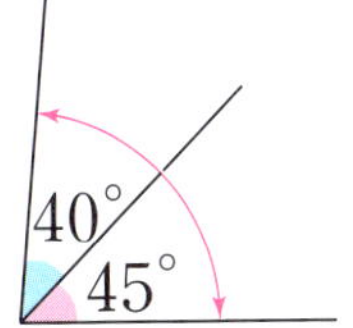

$45°+40°=$ □ $°$

5

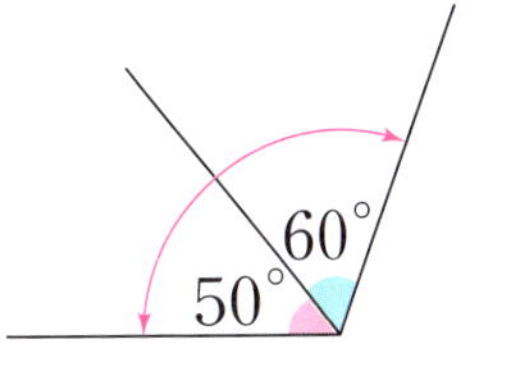

$50°+60°=$ □ $°$

3

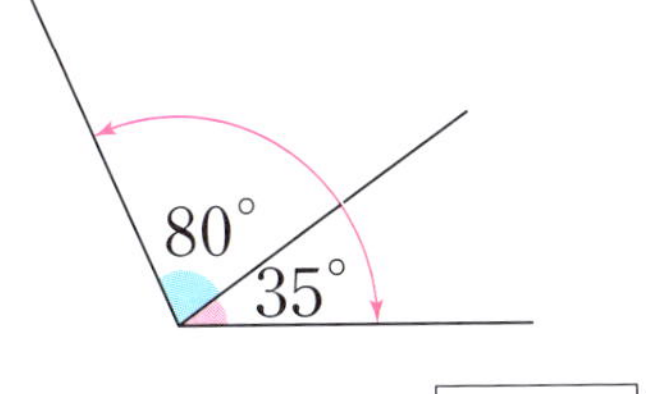

$35°+80°=$ □ $°$

6

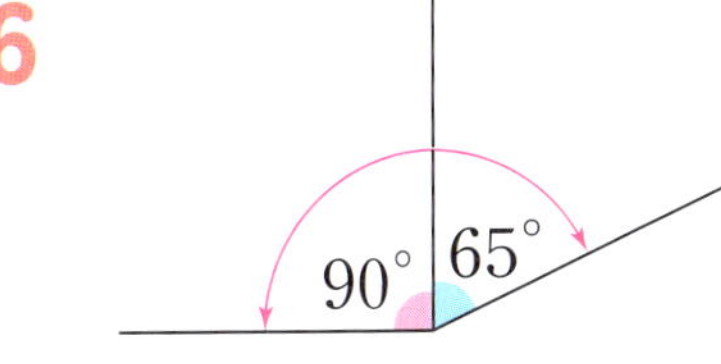

$90°+65°=$ □ $°$

7 $30°+15°$

8 $25°+35°$

9 $60°+10°$

10 $45°+30°$

11 $70°+20°$

12 $50°+25°$

13 $85°+70°$

14 $120°+40°$

15 $135°+15°$

16 $100°+20°$

17 $105°+55°$

18 $140°+30°$

19 $110°+35°$

20 $130°+10°$

21 $50°+130°$

22 $40°+105°$

23 $85°+100°$

24 $35°+130°$

25 $110°+150°$

26 $125°+140°$

27 $170°+120°$

28
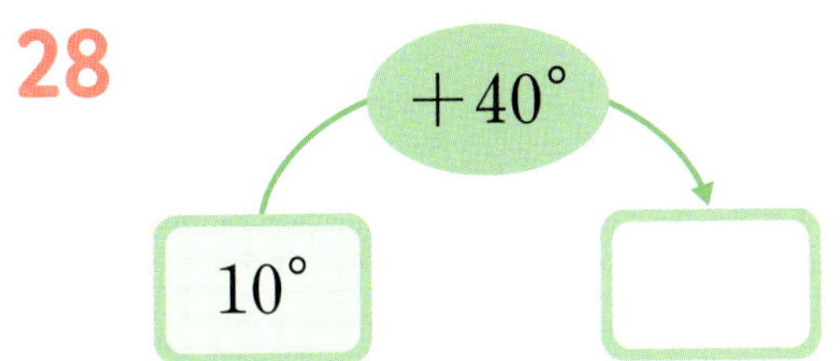

34
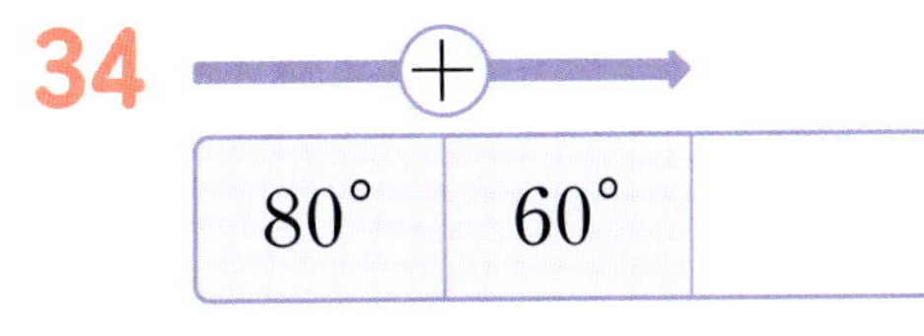

29
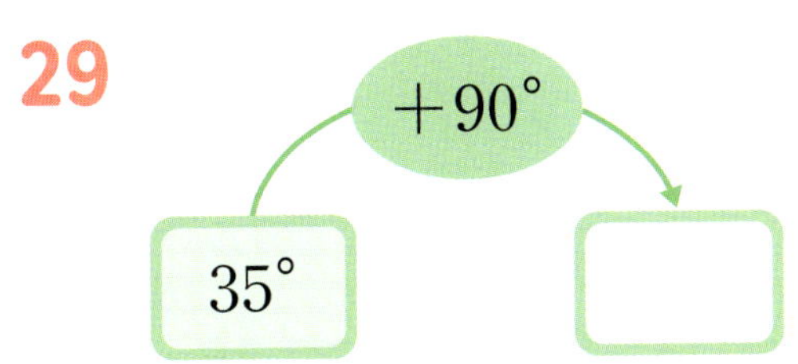

35
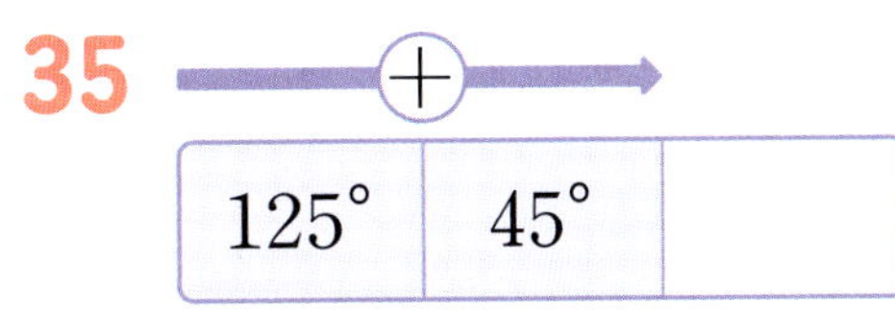

30
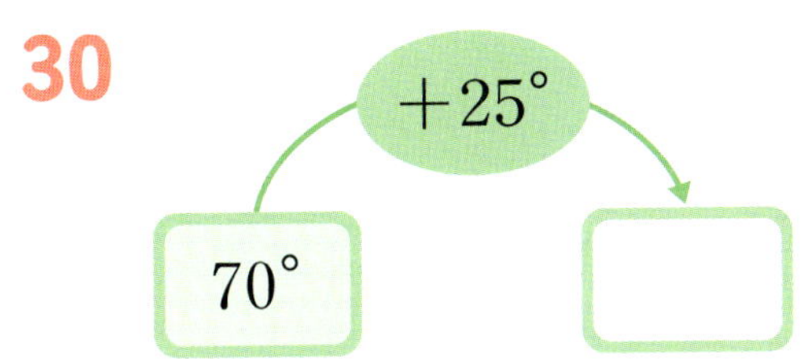

36
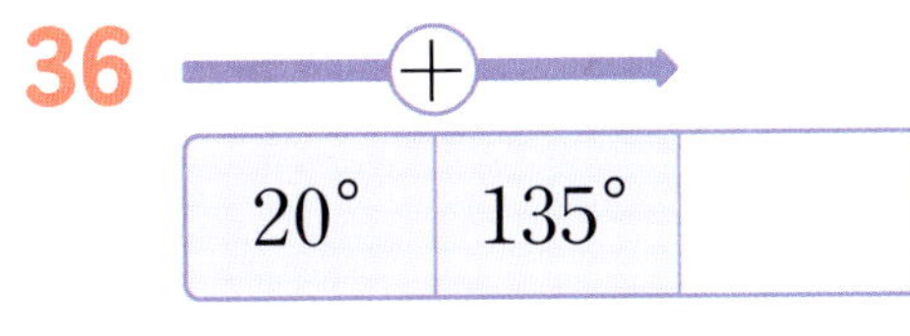

31
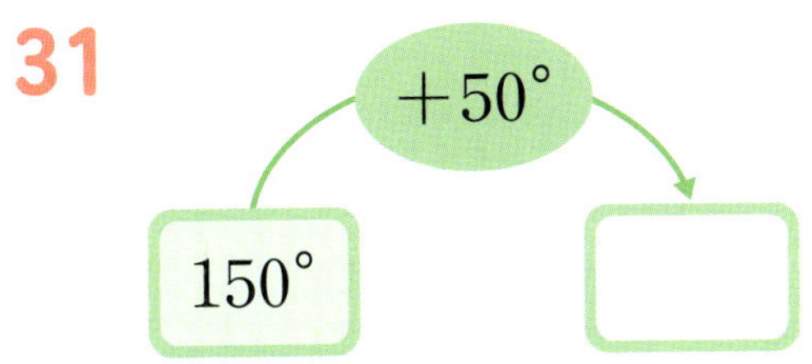

37
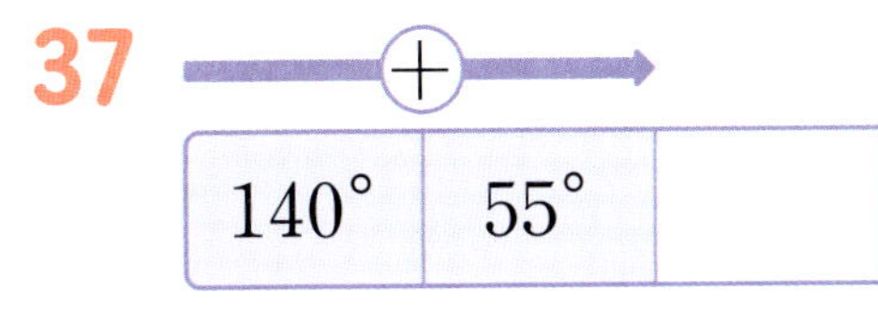

32
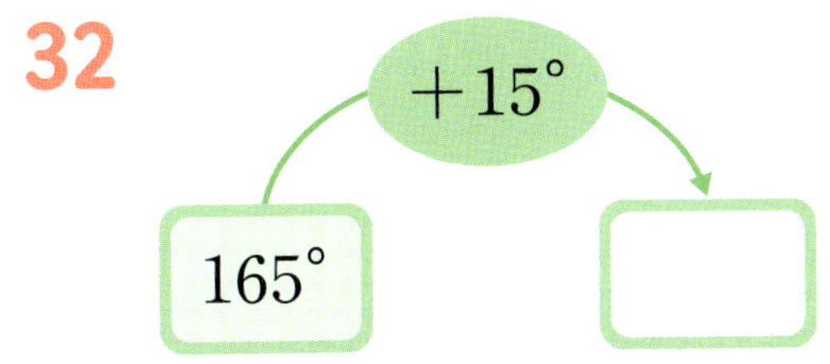

38
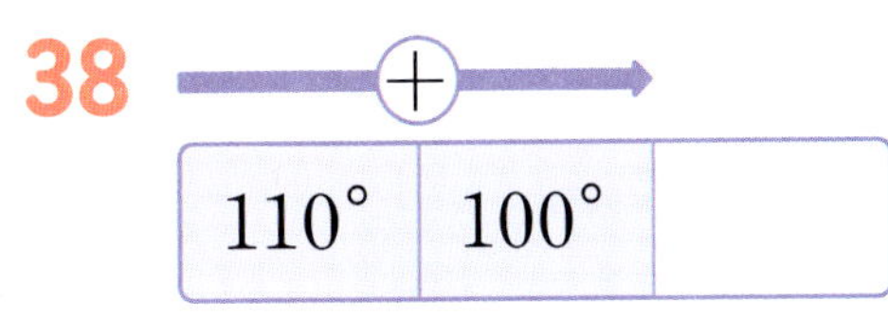

33
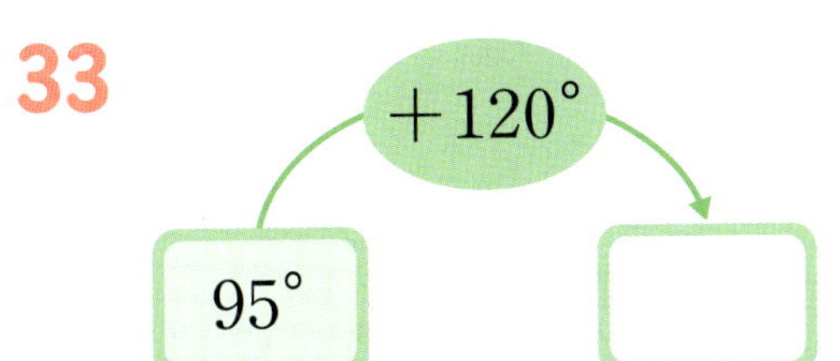

39
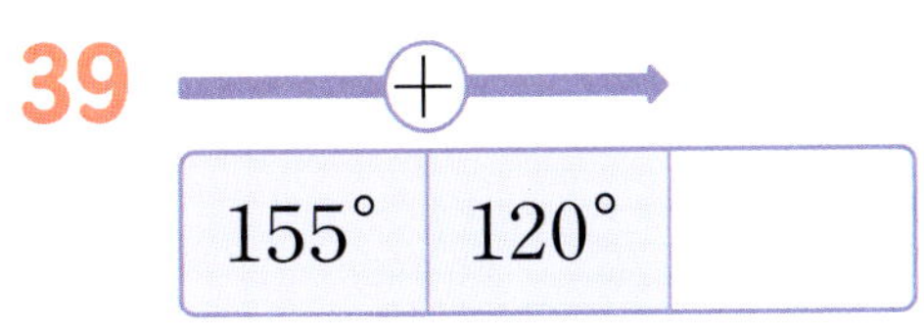

장소 찾기

연우가 각도의 합이 120°인 것을 따라가면 친구들과 만나기로 한 장소를 알 수 있습니다. 길을 올바르게 따라가 연우가 친구들과 만나기로 한 장소에 ○표 하세요.

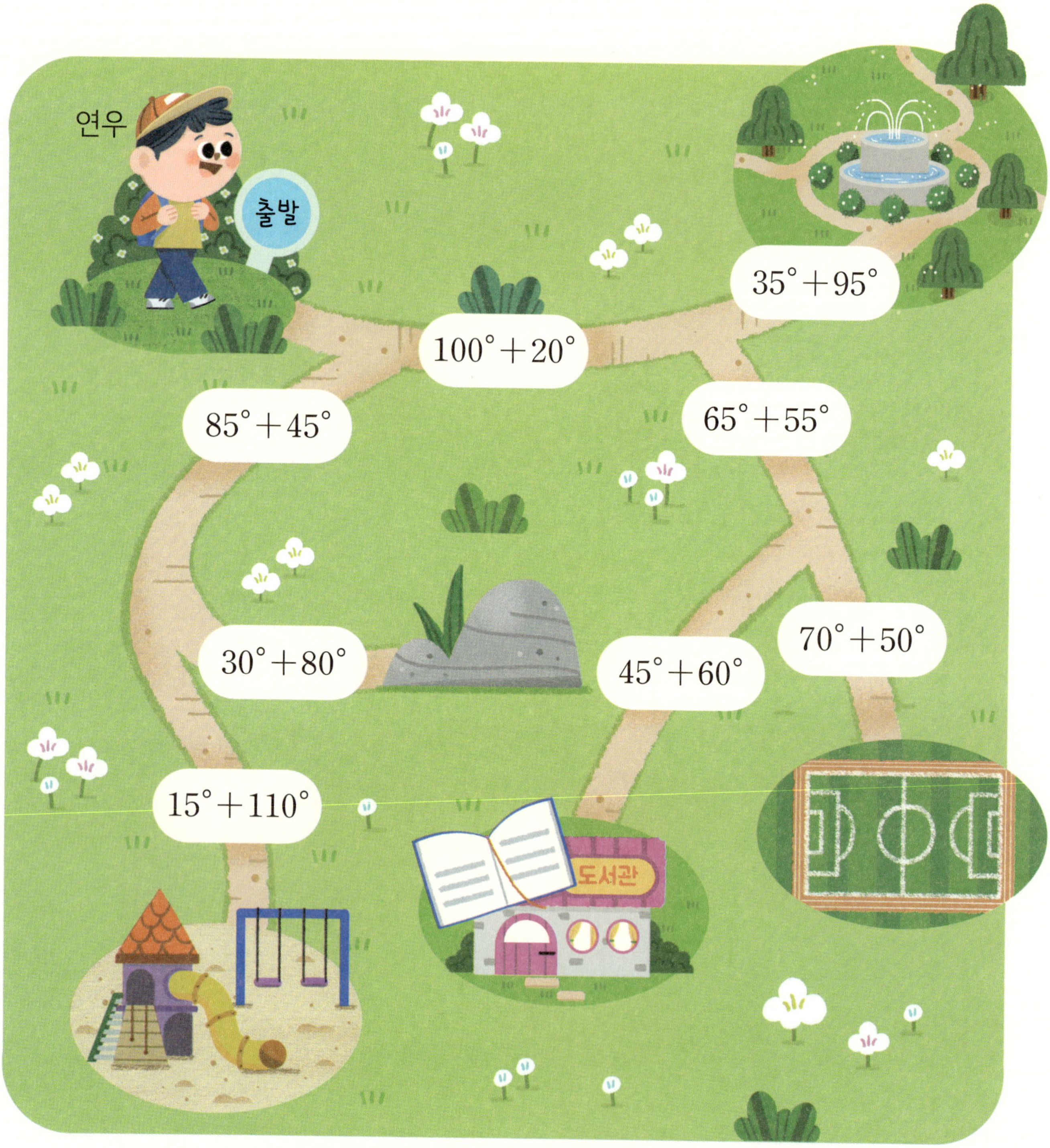

25 $40° + 65°$ ◯ $35° + 75°$

26 $20° + 90°$ ◯ $75° + 30°$

27 $155° + 15°$ ◯ $125° + 40°$

28 $60° + 135°$ ◯ $55° + 165°$

29 $140° + 95°$ ◯ $85° + 145°$

30 $125° + 135°$ ◯ $110° + 150°$

31

$20° + 50°$ ( )

$25° + 40°$ ( )

$30° + 45°$ ( )

32

$115° + 55°$ ( )

$65° + 90°$ ( )

$135° + 30°$ ( )

33

$45° + 180°$ ( )

$165° + 75°$ ( )

$80° + 155°$ ( )

가장 큰 각도와 가장 작은 각도의 합을 구하세요.

$75°$ $115°$ $30°$

가장 큰 각도: ☐°, 가장 작은 각도: ☐°

(가장 큰 각도와 가장 작은 각도의 합) = (가장 큰 각도) + (가장 작은 각도)

= ☐° + ☐° = ☐°   답 ☐°

규칙에 따라 계산하기

규칙 에 따라 계산했을 때의 결과를 빈칸에 써넣으세요.

규칙

➡ : $+60°$ ➡ : $+90°$ ⬇ : $+45°$

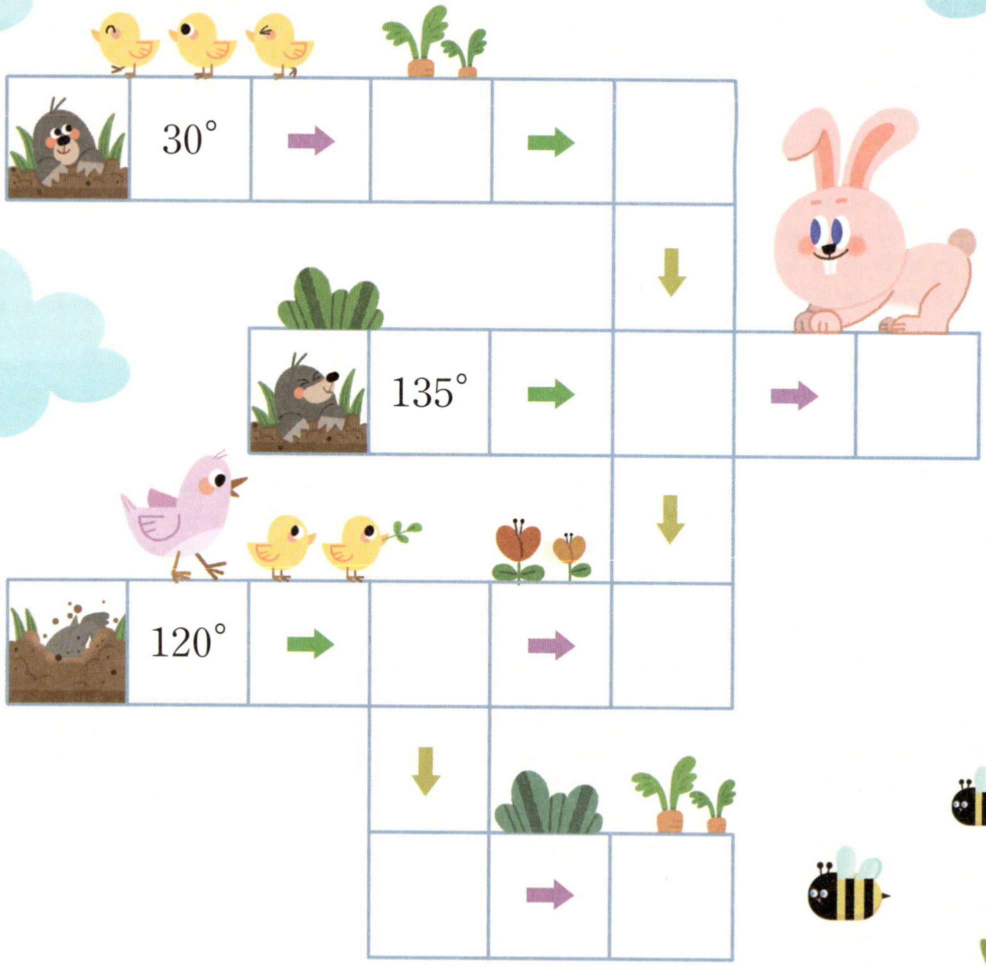

30° ➡ ➡

135° ➡ ➡

120° ➡ ➡

 교과서 **각도**

③ 각도의 차(1)

● 70°−30°를 계산해 볼까요?

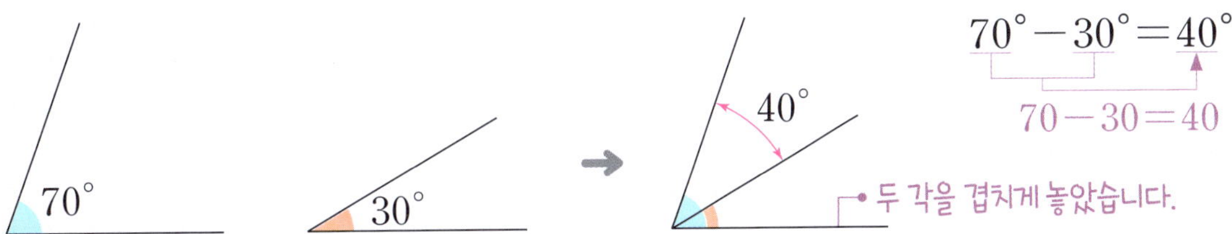

$$70°-30°=40°$$
$$70-30=40$$

두 각을 겹치게 놓았습니다.

자연수의 뺄셈과 같은 방법으로 계산한 후 단위(°)를 붙입니다.

1~6 각도의 차를 구하려고 합니다. □ 안에 알맞은 수를 써넣으세요.

1

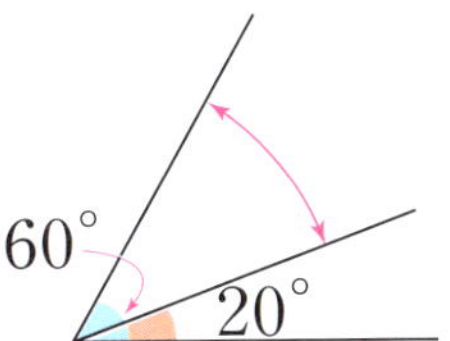

$$60°-20°=\boxed{}°$$

4

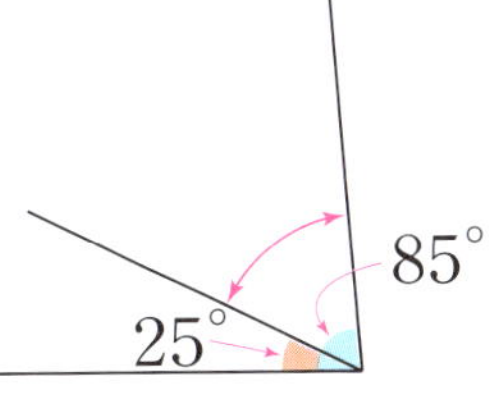

$$85°-25°=\boxed{}°$$

2

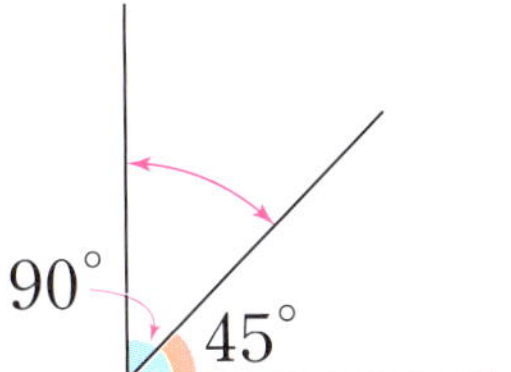

$$90°-45°=\boxed{}°$$

5

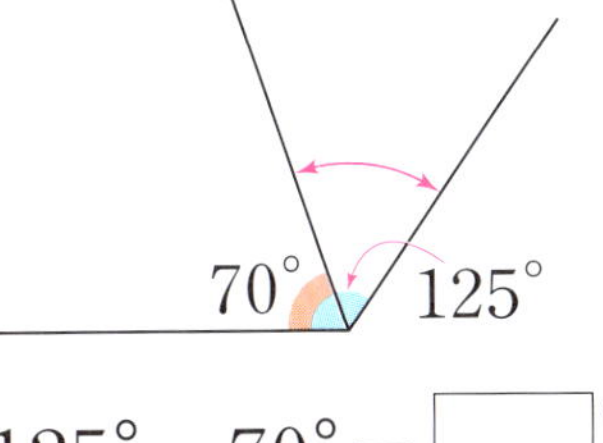

$$125°-70°=\boxed{}°$$

3

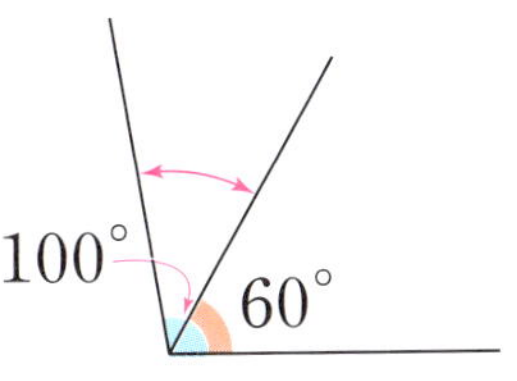

$$100°-60°=\boxed{}°$$

6

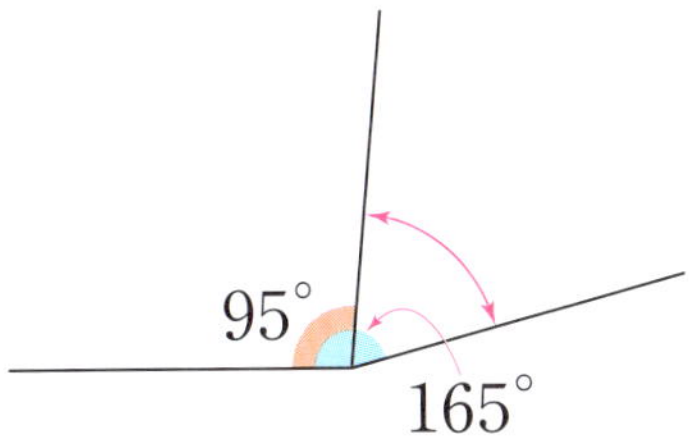

$$165°-95°=\boxed{}°$$

7 $40°-10°$

8 $50°-40°$

9 $80°-55°$

10 $70°-15°$

11 $45°-20°$

12 $65°-30°$

13 $95°-25°$

14 $120°-30°$

15 $130°-20°$

16 $160°-75°$

17 $180°-55°$

18 $135°-60°$

19 $115°-95°$

20 $155°-80°$

21 $170°-130°$

22 $150°-140°$

23 $130°-105°$

24 $125°-110°$

25 $145°-100°$

26 $175°-125°$

27 $215°-105°$

28 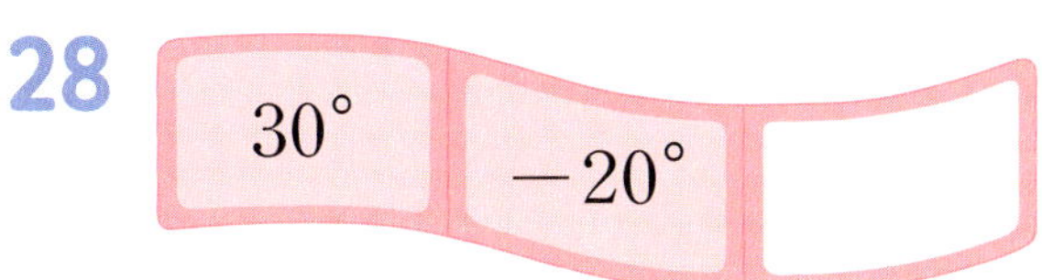

$30°$ $-20°$ ☐

29

$75°$ $-10°$ ☐

30

$90°$ $-50°$ ☐

31

$180°$ $-115°$ ☐

32

$145°$ $-40°$ ☐

33

$170°$ $-35°$ ☐

34 

$115°$ → $-70°$ → ☐

35

$165°$ → $-45°$ → ☐

36 

$125°$ → $-85°$ → ☐

37

$160°$ → $-105°$ → ☐

38

$140°$ → $-120°$ → ☐

39 

$185°$ → $-105°$ → ☐

색칠하기

계산 결과가 예각이면 빨간색, 직각이면 노란색, 둔각이면 파란색으로 색칠하세요.

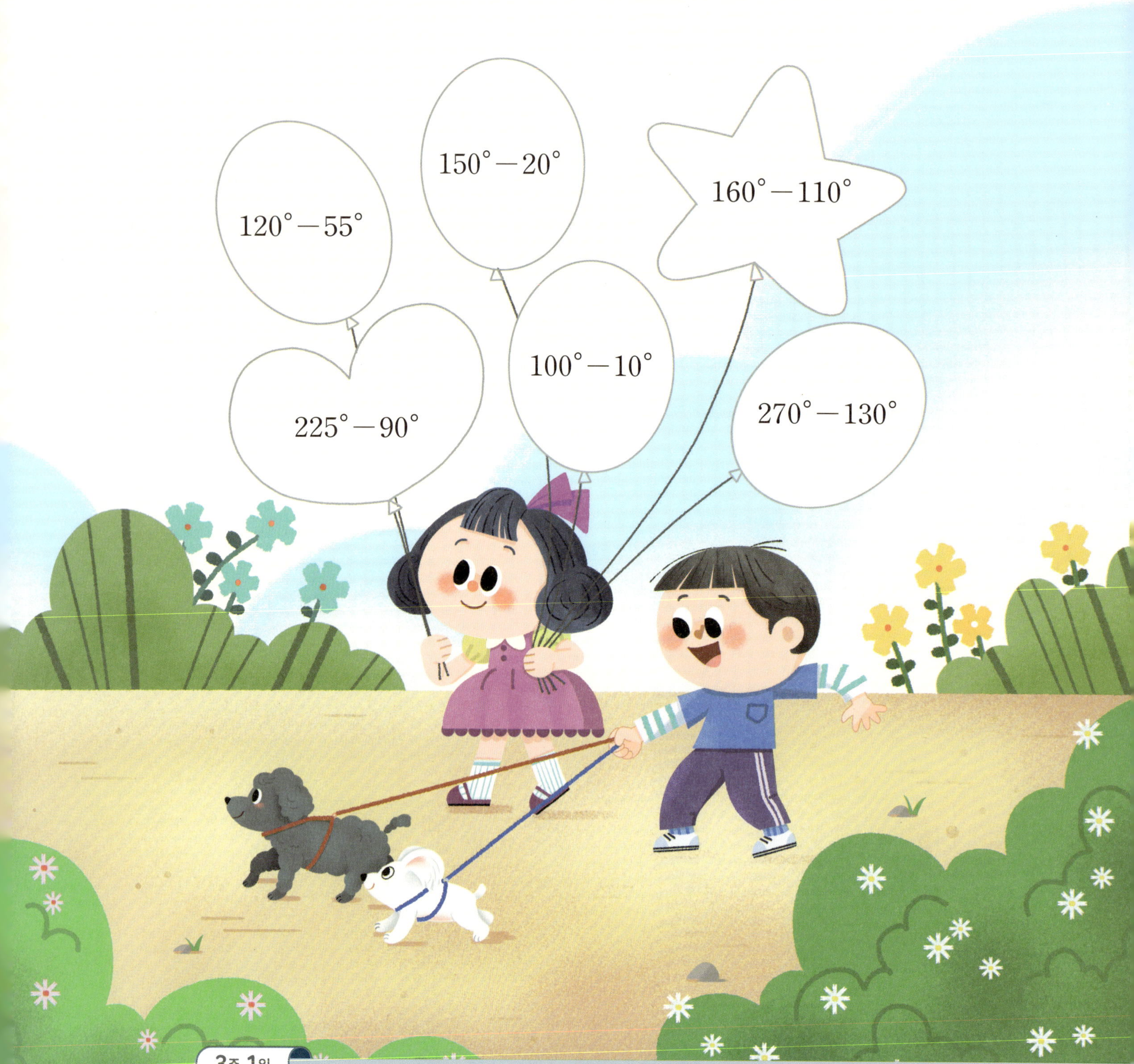

$150° - 20°$

$120° - 55°$

$160° - 110°$

$100° - 10°$

$225° - 90°$

$270° - 130°$

 교과서 각도

❹ 각도의 차(2)

● $115° - 55°$를 계산해 볼까요?

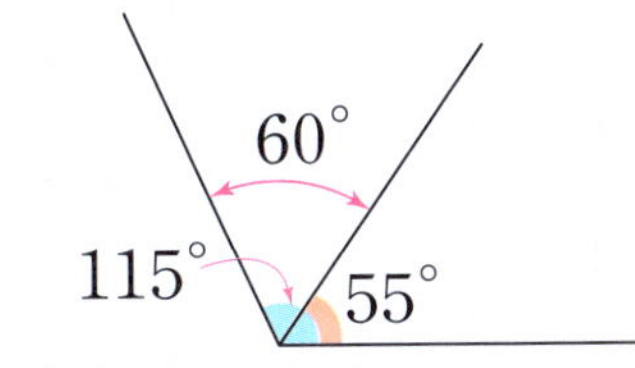

$$115° - 55° = 60°$$

자연수의 뺄셈과
같은 방법으로 계산한 후
단위(°)를 꼭 써.

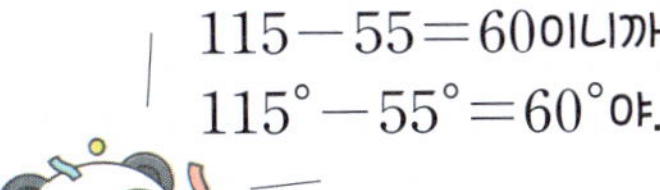

1~12 각도의 차를 구하세요.

1 $50° - 30°$

2 $70° - 25°$

3 $95° - 60°$

4 $85° - 35°$

5 $110° - 80°$

6 $135° - 40°$

7 $150° - 65°$

8 $165° - 70°$

9 $160° - 110°$

10 $175° - 130°$

11 $180° - 125°$

12 $225° - 175°$

13~24 두 각도의 차를 구하세요.

13

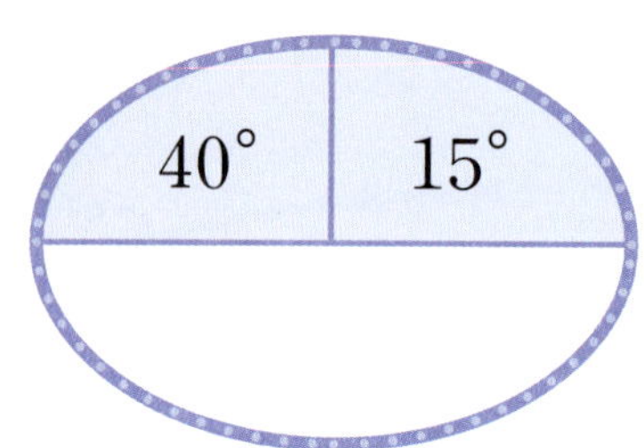

14

15

16

17

18

19

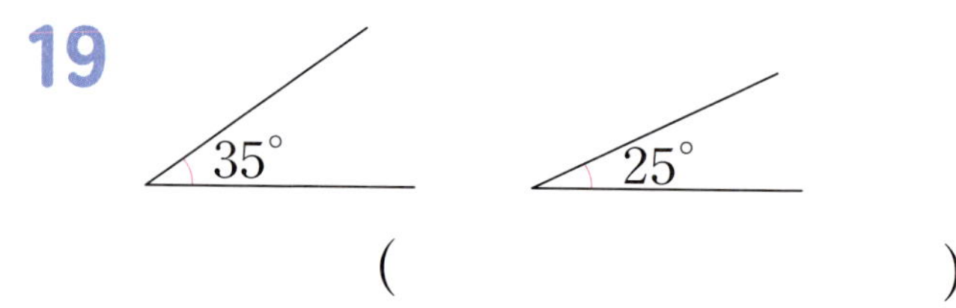

(   )

20

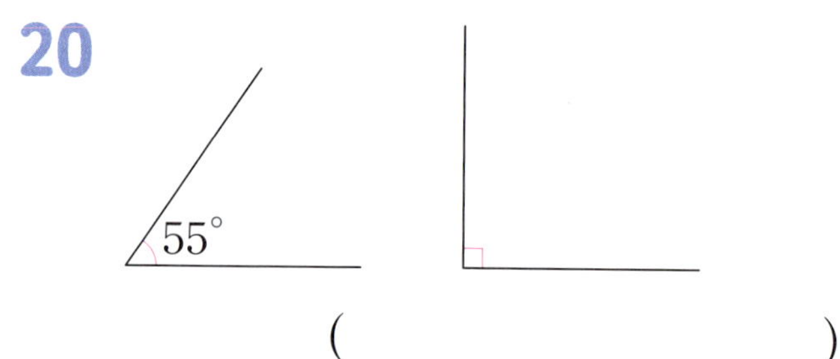

(   )

21

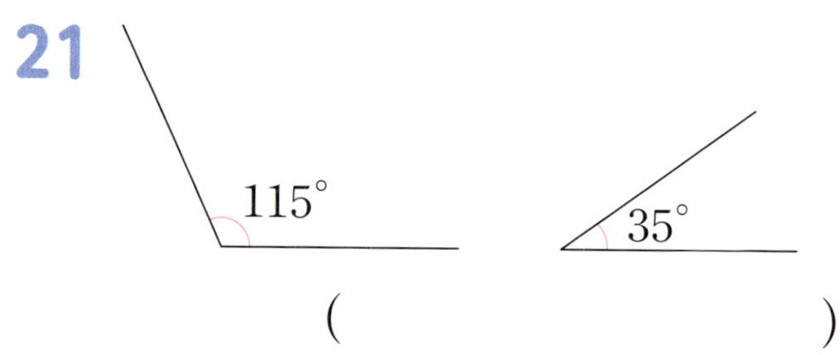

(   )

22

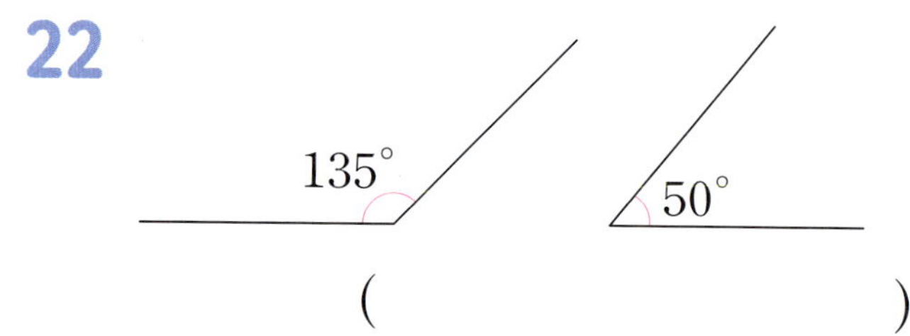

(   )

23

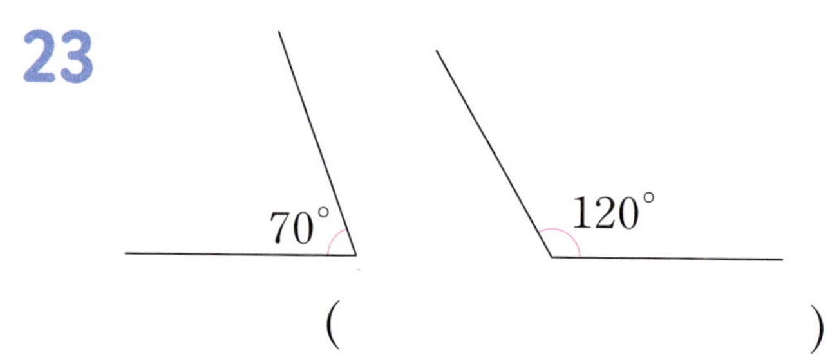

(   )

24

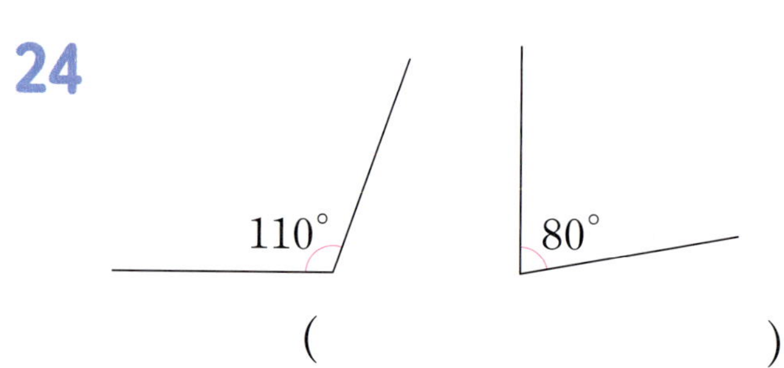

(   )

 각도를 비교하여 ○ 안에 >, =, <를 알맞게 써넣으세요.

 각도의 차가 가장 작은 것을 찾아 △표 하세요.

25 $75° - 35°$ ◯ $80° - 30°$

26 $45° - 15°$ ◯ $145° - 130°$

27 $175° - 90°$ ◯ $120° - 25°$

28 $150° - 115°$ ◯ $165° - 130°$

29 $155° - 85°$ ◯ $215° - 160°$

30 $160° - 105°$ ◯ $190° - 145°$

31
$85° - 20°$ ( )
$100° - 55°$ ( )
$135° - 95°$ ( )

32
$130° - 90°$ ( )
$145° - 70°$ ( )
$170° - 115°$ ( )

33
$150° - 45°$ ( )
$125° - 30°$ ( )
$180° - 70°$ ( )

연산+

각도가 $60°$인 피자 한 조각을 $45°$만큼 잘라서 먹었습니다. 남은 피자 조각의 각도는 몇 도인가요?

처음에 있던 피자 조각의 각도: ☐°, 잘라서 먹은 피자 조각의 각도: ☐°

(남은 피자 조각의 각도)

=(처음에 있던 피자 조각의 각도)−(잘라서 먹은 피자 조각의 각도)

= ☐° − ☐° = ☐°   답 ☐°

가로세로 수 맞히기

가로 열쇠와 세로 열쇠의 문제를 풀어 빈칸에 알맞은 수를 써넣으세요.

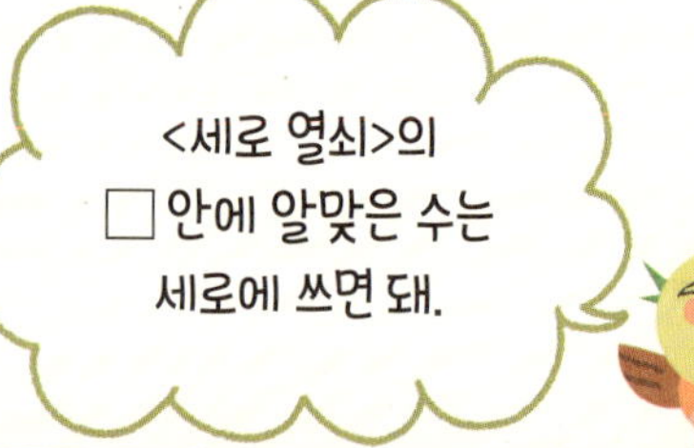

<가로 열쇠>

㉠ $70° - 43° = \boxed{}°$

㉡ $160° - 20° = \boxed{}°$

㉢ $180° - 157° = \boxed{}°$

㉣ $291° - 129° = \boxed{}°$

㉤ $\boxed{}° + 124° = 150°$

<세로 열쇠>

㉥ $128° - 57° = \boxed{}°$

㉦ $235° - 193° = \boxed{}°$

㉧ $150° - 8° = \boxed{}°$

㉨ $346° - 40° = \boxed{}°$

㉩ $59° + \boxed{}° = 75°$

부모님 응원 한마디

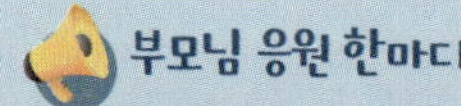

⑤ 삼각형의 세 각의 크기의 합 (1)

● **삼각형의 세 각의 크기의 합을 알아볼까요?**

삼각형을 세 조각으로 잘라서 세 꼭짓점이 한 점에 모이도록 겹치지 않게 이어 붙이면 직선 위에 있게 됩니다.

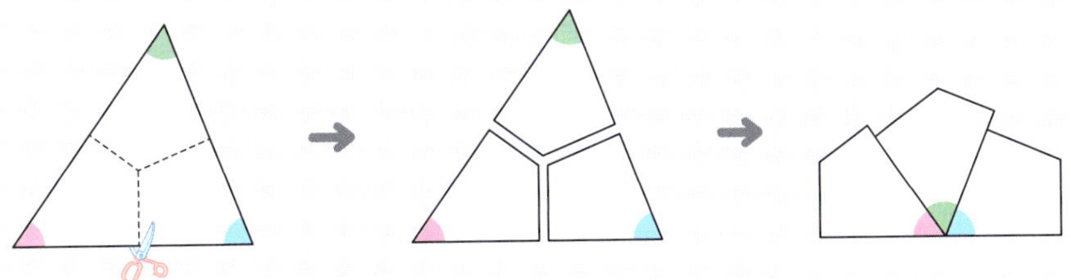

> 삼각형의 세 각의 크기의 합은 180°입니다.

1~3 삼각형의 세 각의 크기의 합을 구하려고 합니다. ☐ 안에 알맞은 수를 써넣으세요.

1
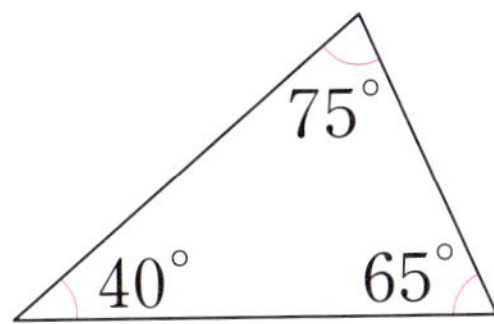

➡ $75° + 40° + \boxed{}° = \boxed{}°$

2
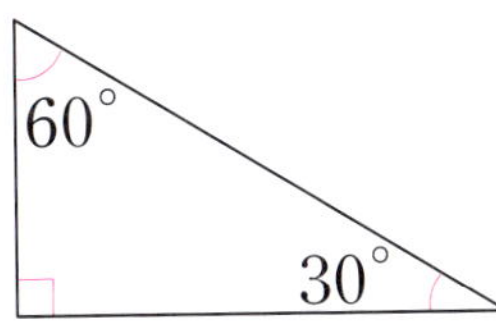

➡ $60° + \boxed{}° + 30° = \boxed{}°$

3
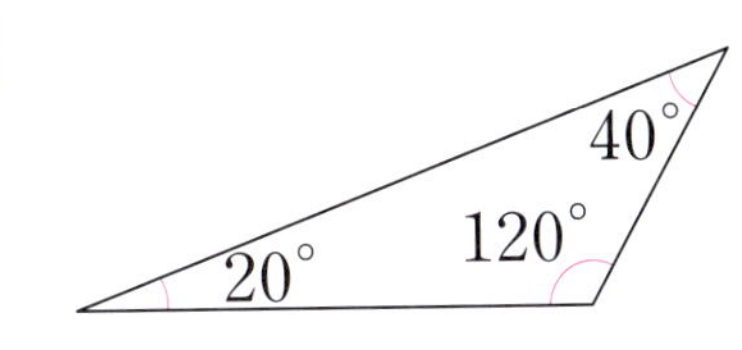

➡ $20° + 120° + \boxed{}° = \boxed{}°$

4

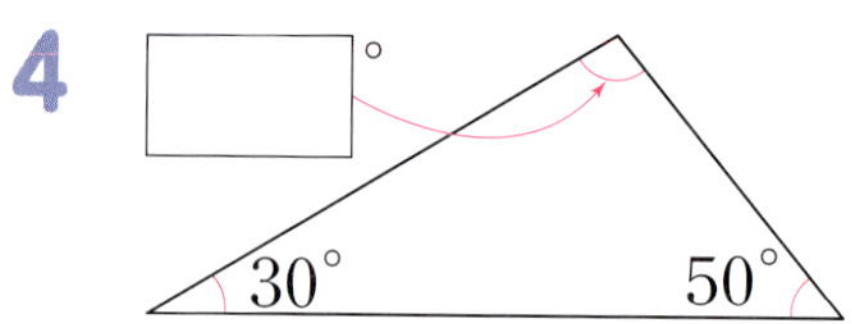

9

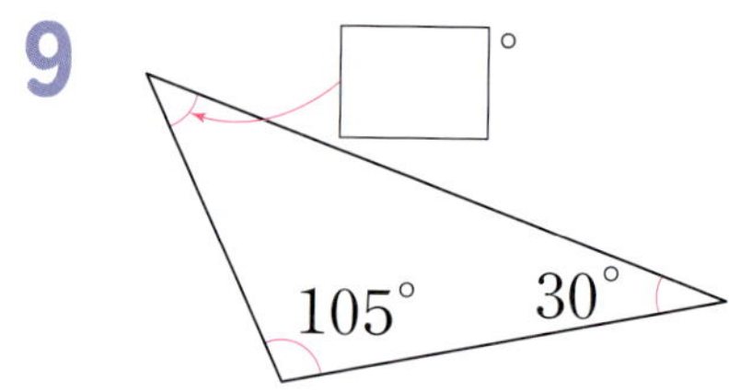

5

10

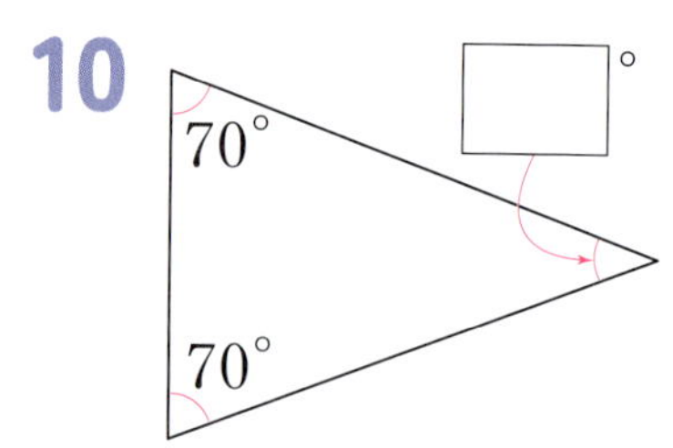

6

11

7

12

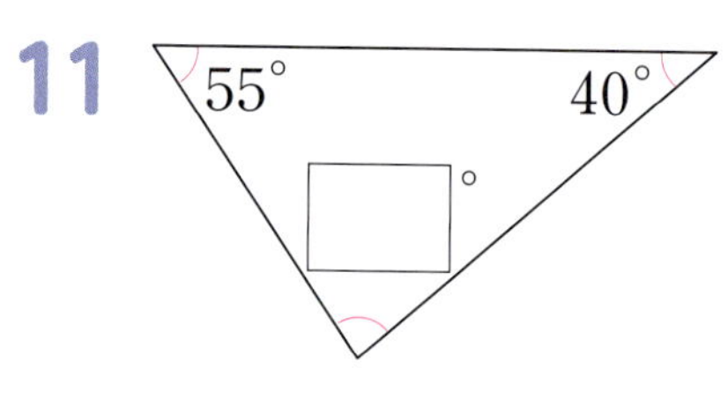

8

13

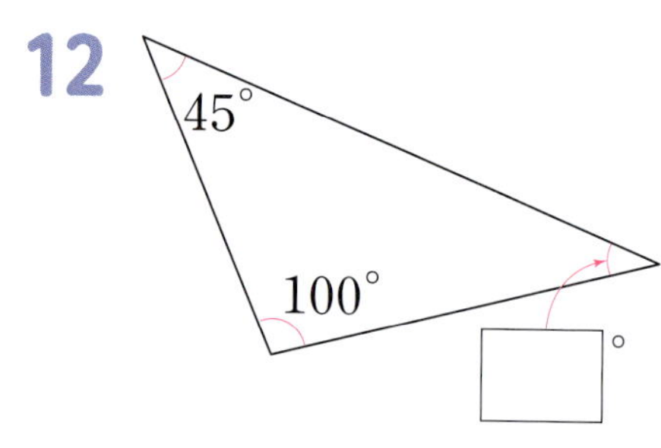

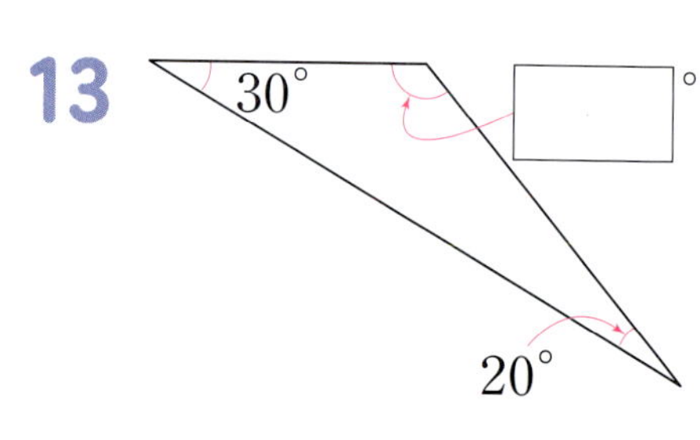

14　30°　70°

(　　　　　　)

15　60°　95°

(　　　　　　)

16　25°　105°

(　　　　　　)

17　50°　90°

(　　　　　　)

18　70°　65°

(　　　　　　)

19　15°　45°

(　　　　　　)

20　65°　80°

(　　　　　　)

21　110°　50°

(　　　　　　)

22　30°　85°

(　　　　　　)

23　135°　10°

(　　　　　　)

24　45°　45°

(　　　　　　)

25　120°　25°

(　　　　　　)

운동 기구 찾기

□ 안에 알맞은 수를 따라가면 서진이가 타려고 하는 운동 기구를 알 수 있습니다.
서진이가 타려고 하는 운동 기구를 찾아 ◯표 하세요.

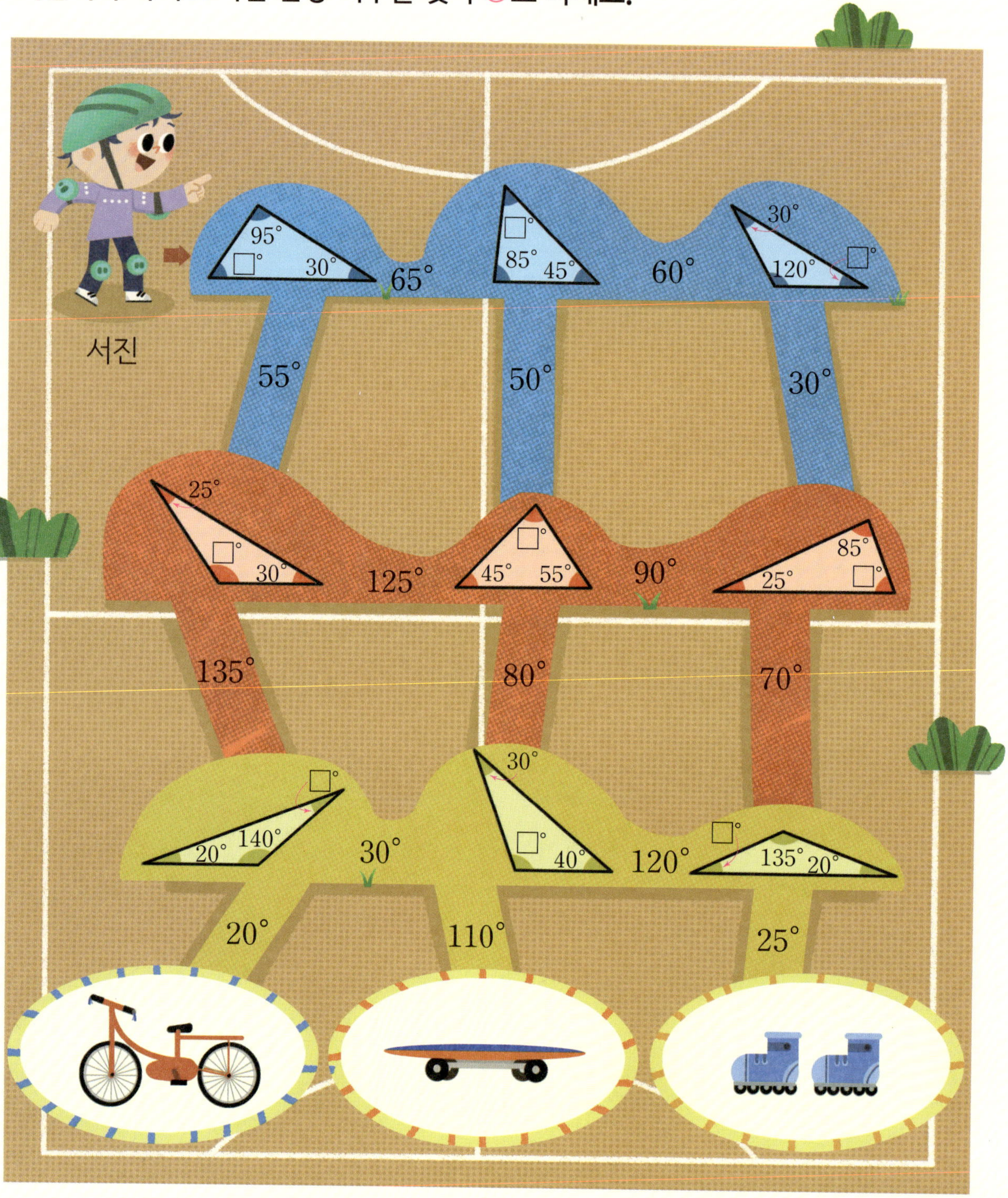

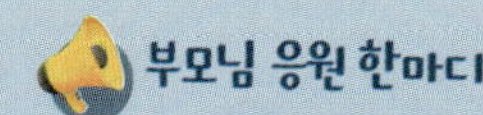

❻ 삼각형의 세 각의 크기의 합 (2)

● 삼각형의 세 각의 크기의 합을 알아볼까요?

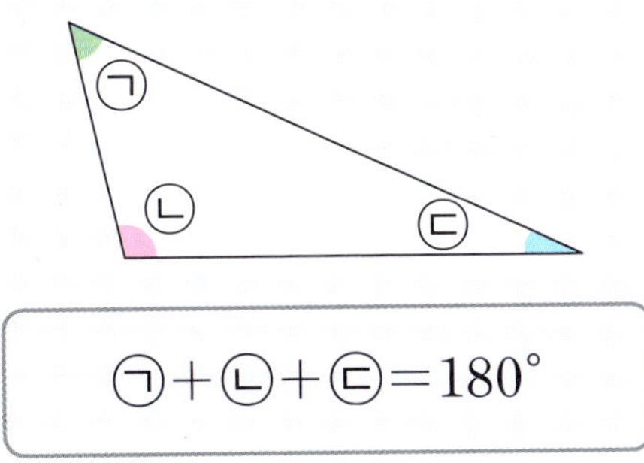

$$ㄱ + ㄴ + ㄷ = 180°$$

1~6 □ 안에 알맞은 수를 써넣으세요.

1
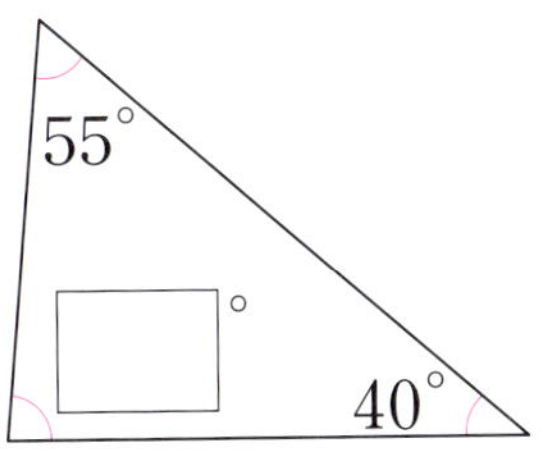

4
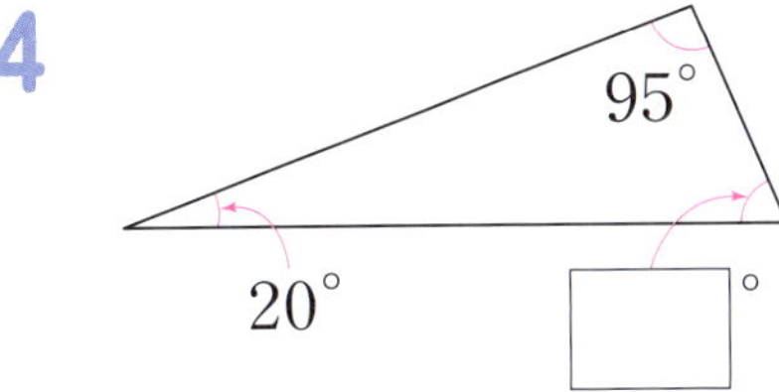

2

5
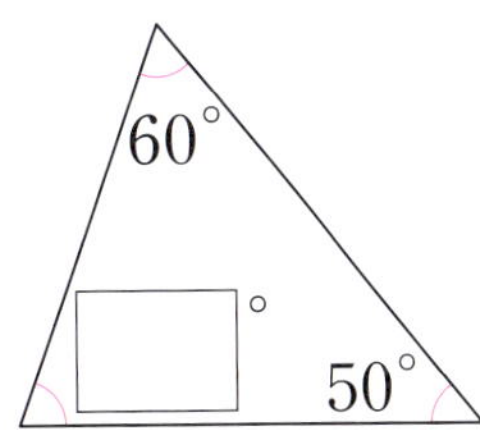

3
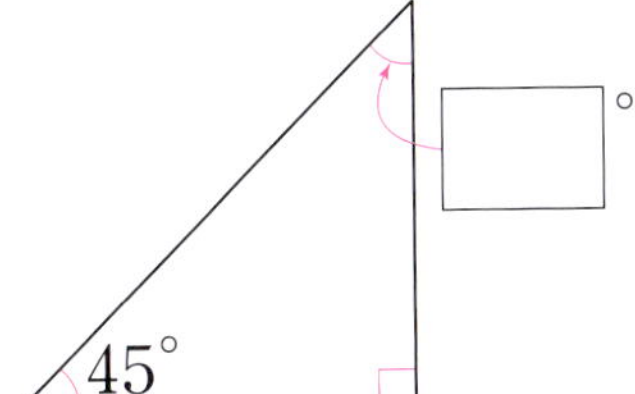

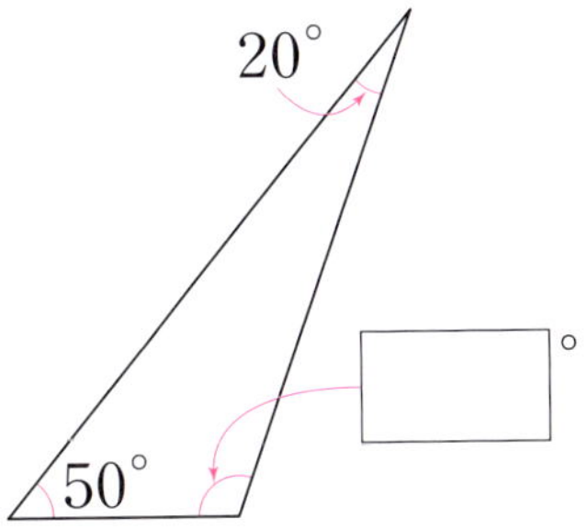

6
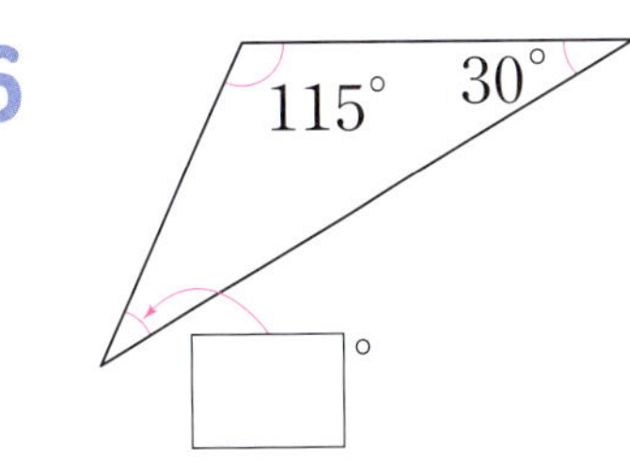

7

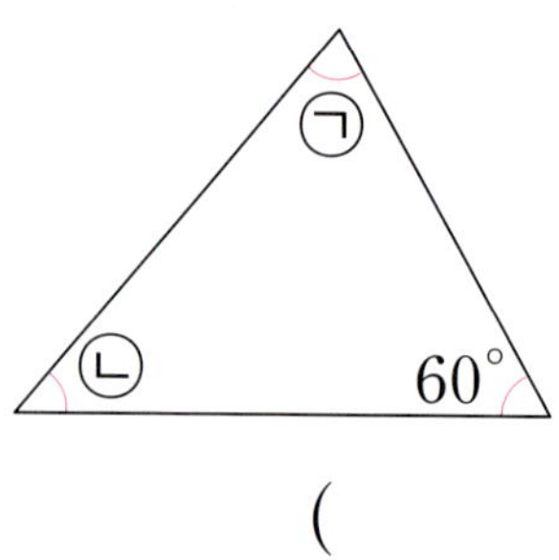

(   )

12

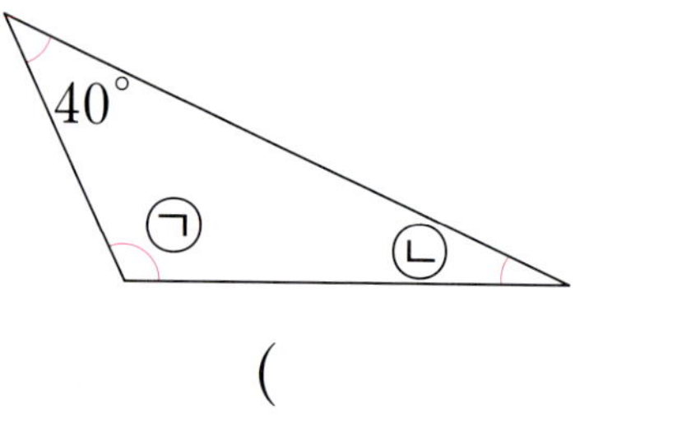

(   )

8

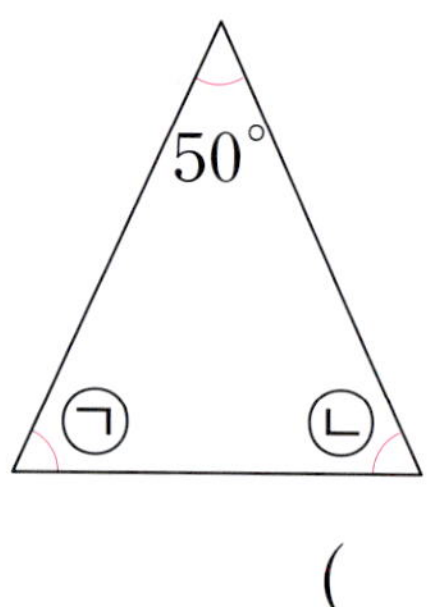

(   )

13

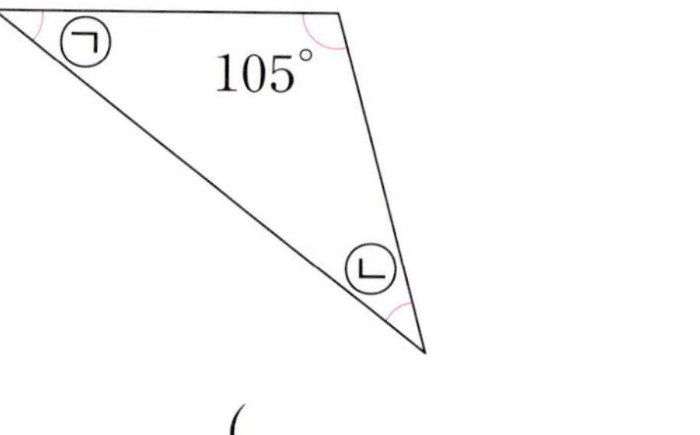

(   )

9

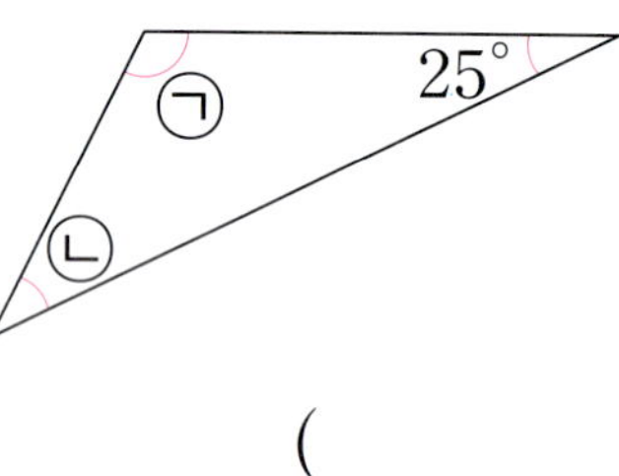

(   )

14

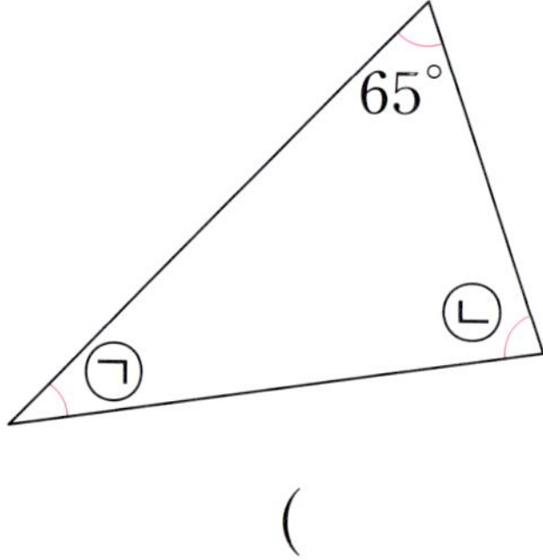

(   )

10

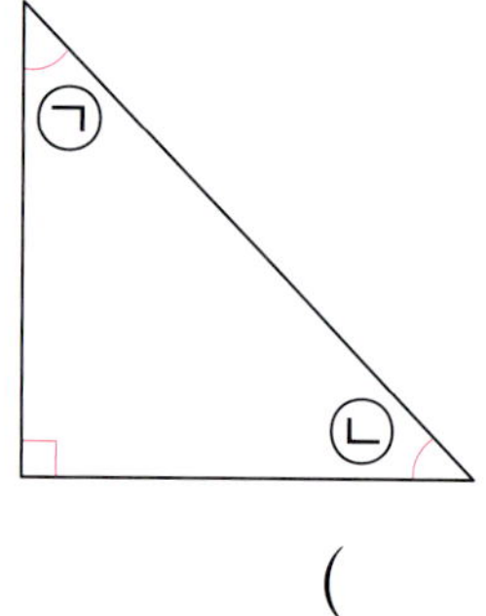

(   )

15

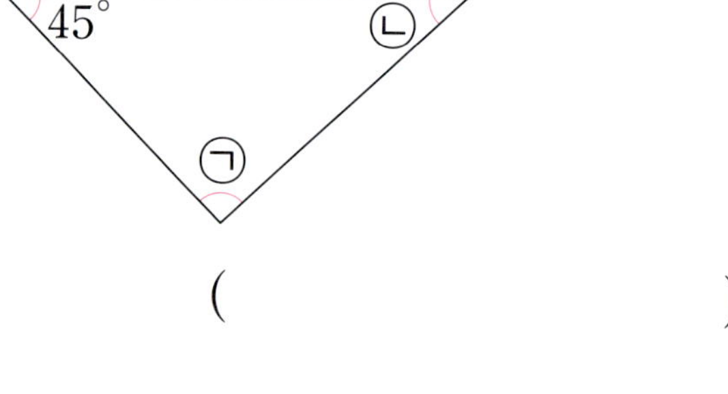

(   )

11

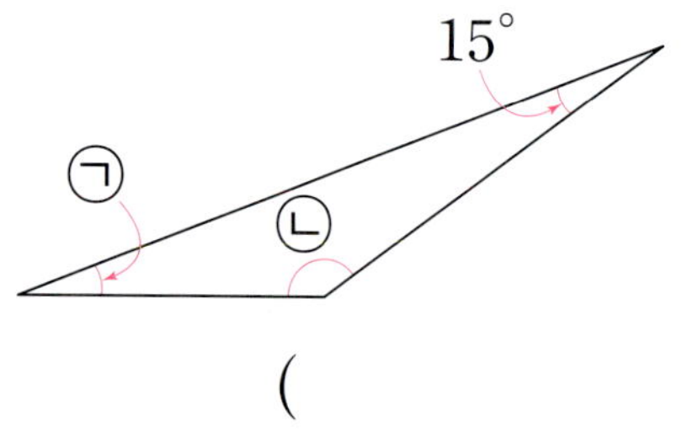

(   )

16

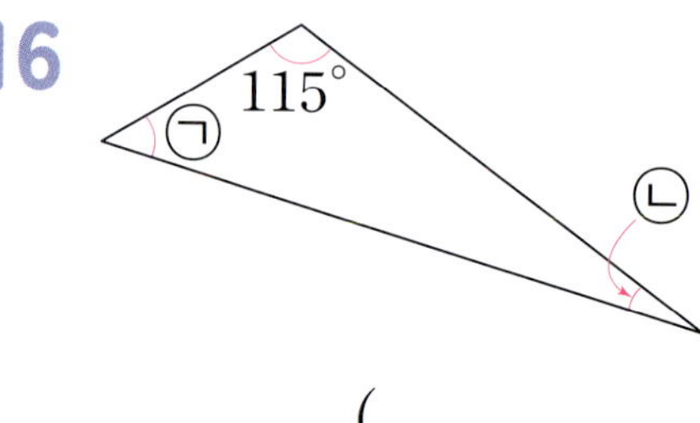

(   )

17
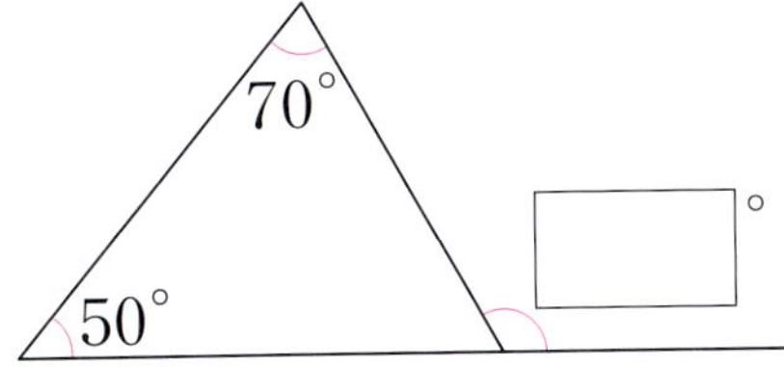

20
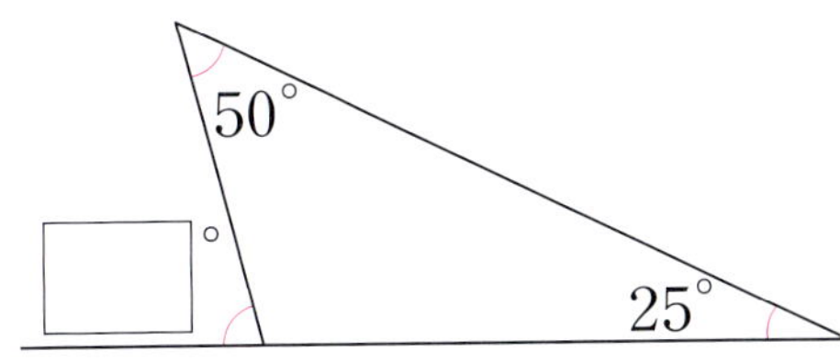

18
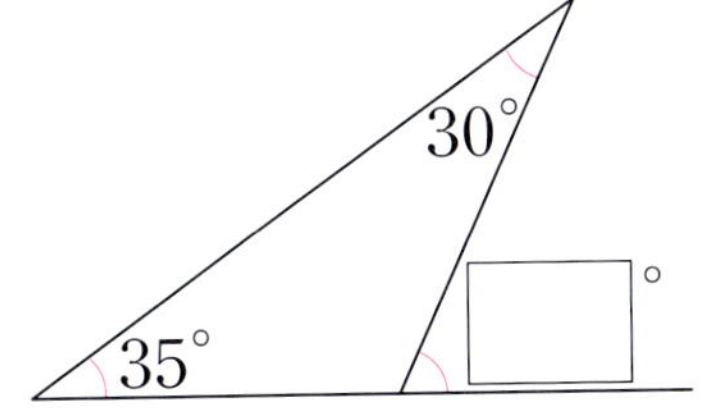

21
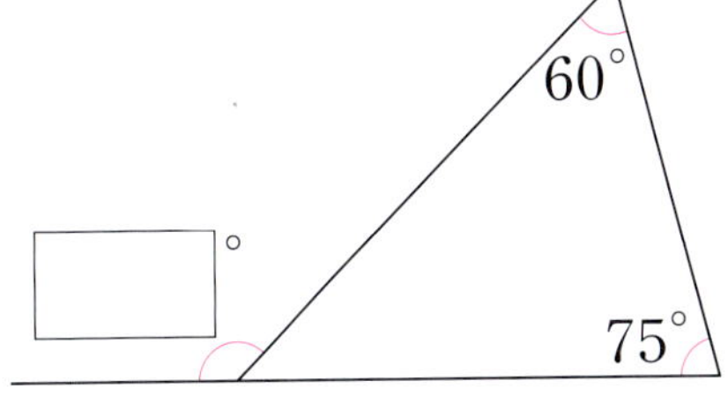

19
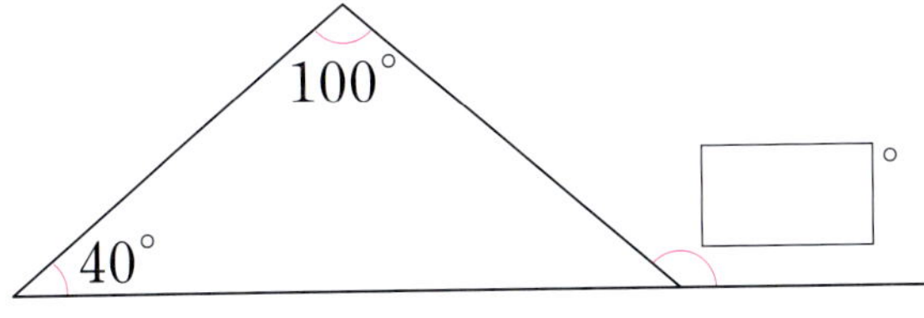

22
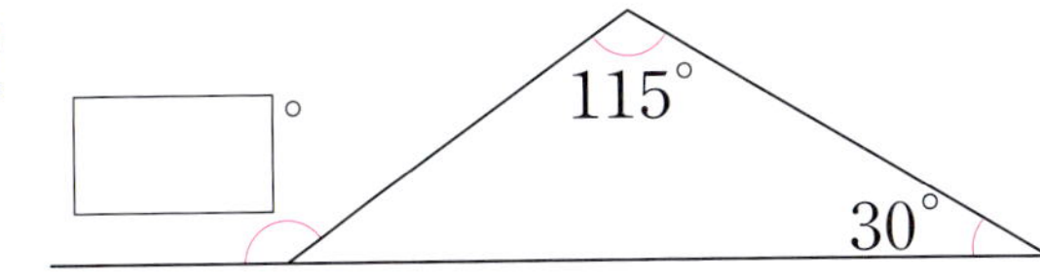

삼각형의 세 각의 크기가 될 수 없는 것을 찾아 기호를 쓰세요.

> ㉠ 85°, 35°, 70°   ㉡ 25°, 115°, 40°

삼각형의 세 각의 크기의 합은 □° 입니다.

㉠ □° + □° + □° = □°

㉡ □° + □° + □° = □°

따라서 삼각형의 세 각의 크기가 될 수 없는 것은 (㉠ , ㉡)입니다.   답 □

그림 그리기

야옹이가 그린 그림에 있는 삼각형을 보고 □ 안에 알맞은 수를 써넣으세요.

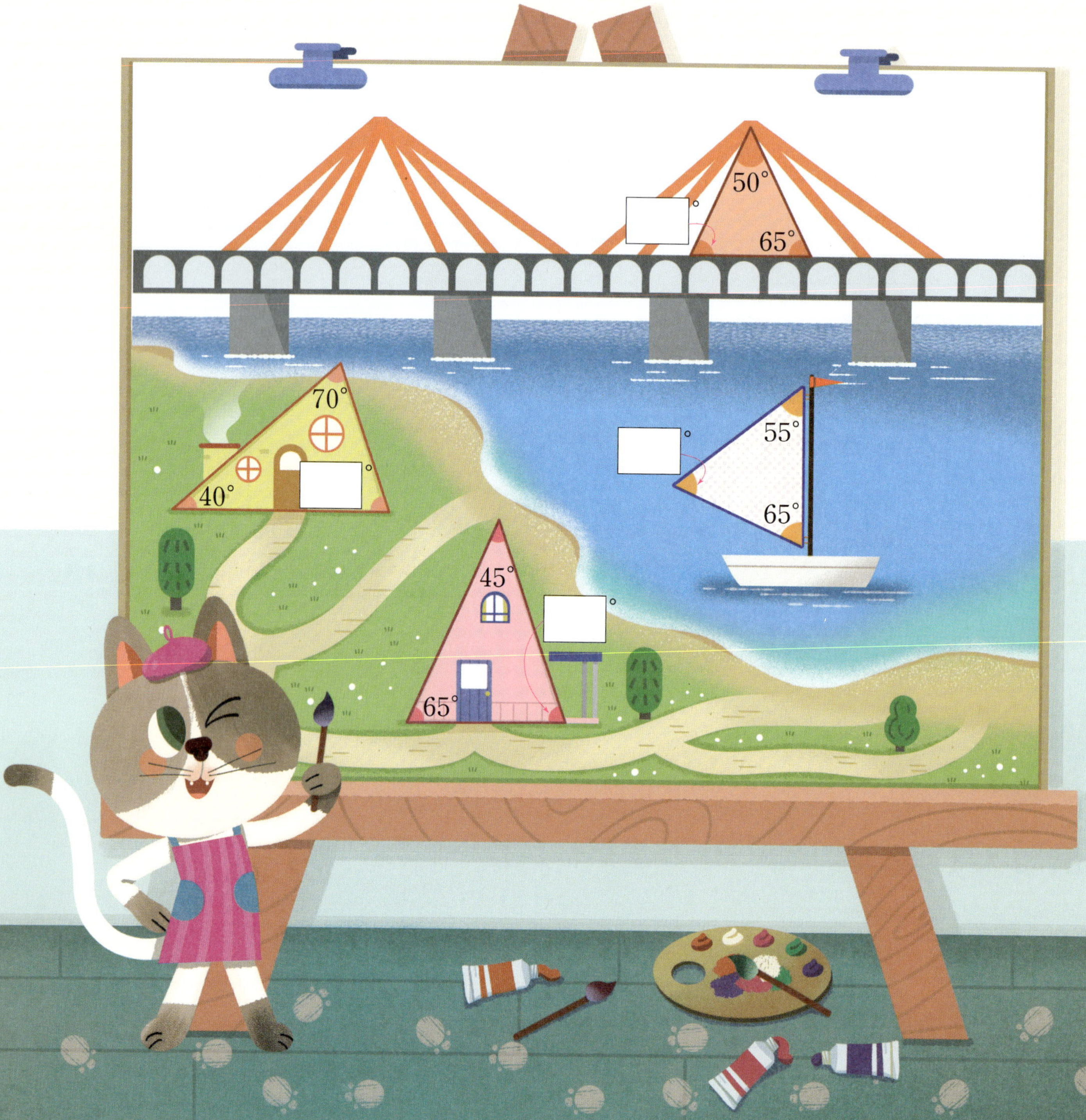

3주 5일 ❼ 사각형의 네 각의 크기의 합(1)

● 사각형의 네 각의 크기의 합을 알아볼까요?

사각형을 네 조각으로 잘라서 네 꼭짓점이 한 점에 모이도록 겹치지 않게 이어 붙이면 평면이 됩니다.

> 사각형의 네 각의 크기의 합은 360°입니다.

1~3 사각형의 네 각의 크기의 합을 구하려고 합니다. ☐ 안에 알맞은 수를 써넣으세요.

1

100° 115°
80° 65°

➡ $100° + 80° + 65° + \boxed{}° = \boxed{}°$

2

100°
125°
55° 80°

➡ $100° + 55° + \boxed{}° + 125° = \boxed{}°$

3

75°
110°
85°

➡ $75° + \boxed{}° + 85° + 110° = \boxed{}°$

4

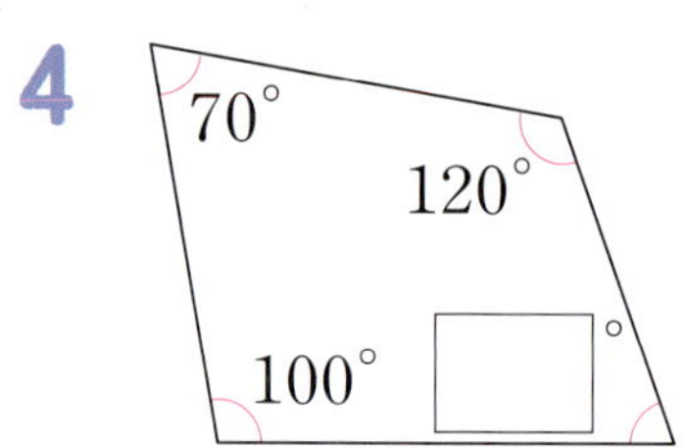

9

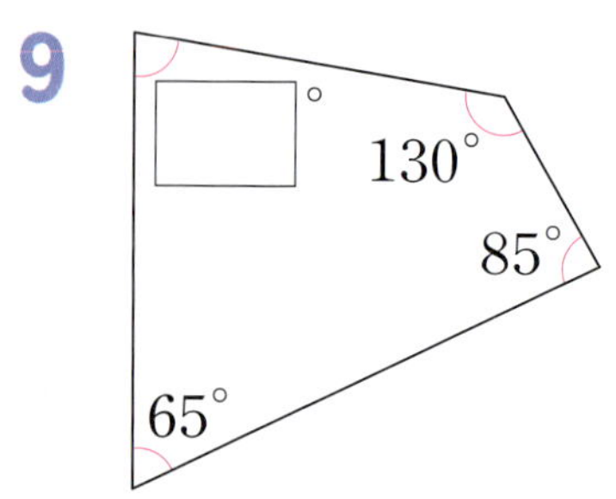

5

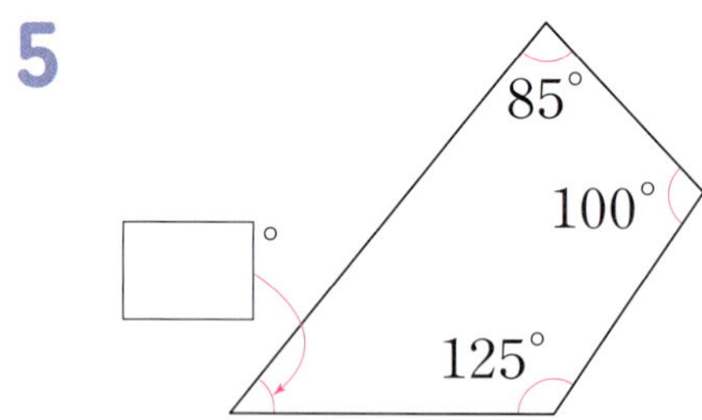

10

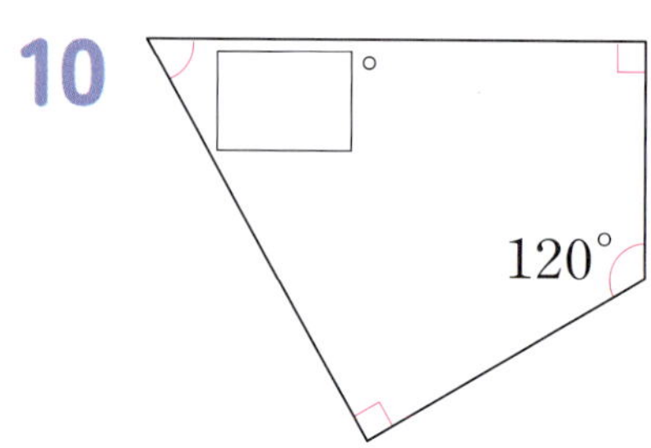

6

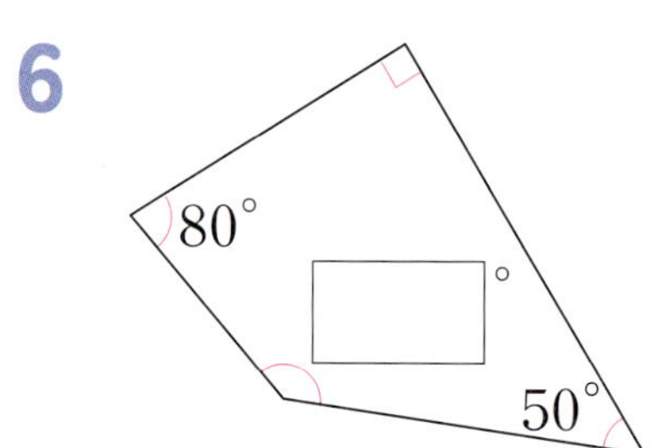

11

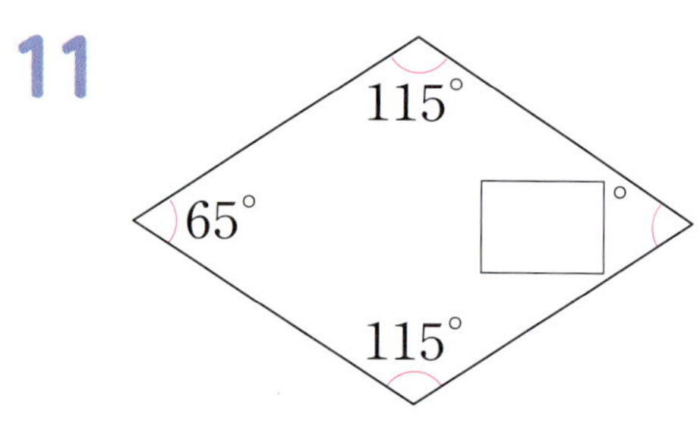

7

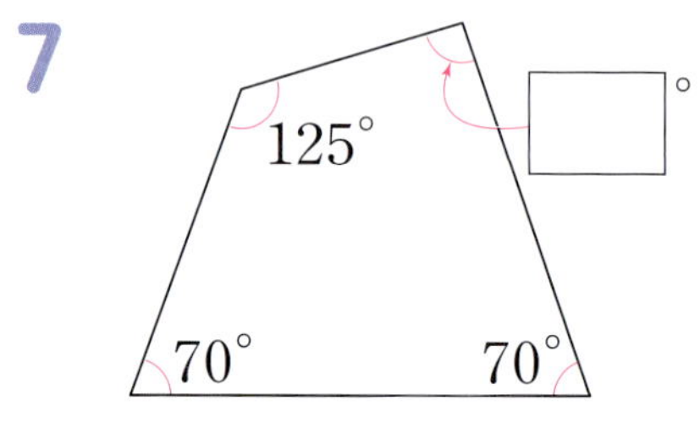

12

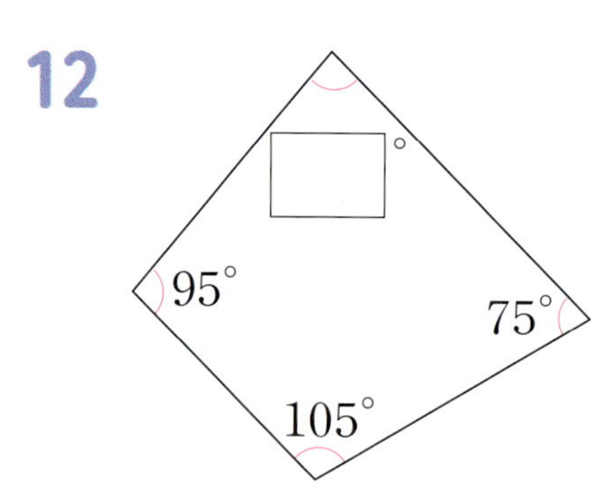

8

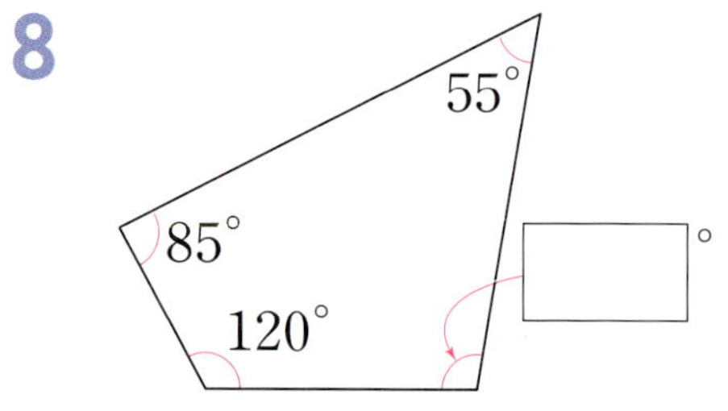

13

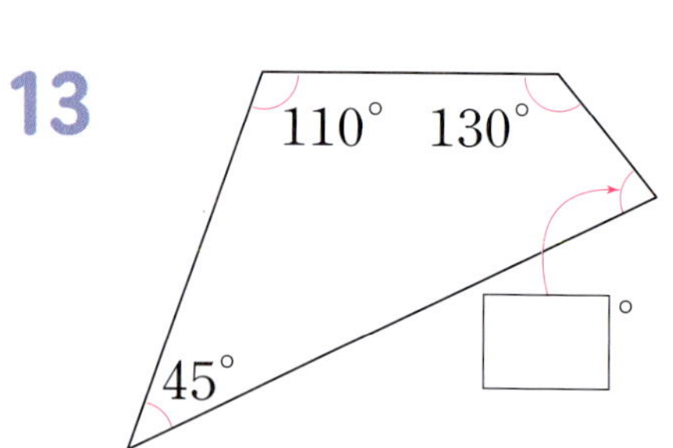

 사각형의 네 각 중 세 각의 크기가 다음과 같을 때 나머지 한 각의 크기를 구하세요.

14
40°　　125°　　80°

(　　　　　　)

15
120°　　70°　　60°

(　　　　　　)

16
60°　　80°　　75°

(　　　　　　)

17
45°　　110°　　105°

(　　　　　　)

18
70°　　30°　　130°

(　　　　　　)

19
100°　　150°　　40°

(　　　　　　)

20
85°　　105°　　130°

(　　　　　　)

21
145°　　80°　　65°

(　　　　　　)

22
60°　　100°　　85°

(　　　　　　)

23
115°　　55°　　135°

(　　　　　　)

24
75°　　90°　　120°

(　　　　　　)

25
140°　　100°　　30°

(　　　　　　)

선 잇기

친구들이 사각형 모양의 연을 날리고 있었는데 연의 한쪽 끝이 찢어졌습니다. 관계 있는 것끼리 선으로 이으세요.

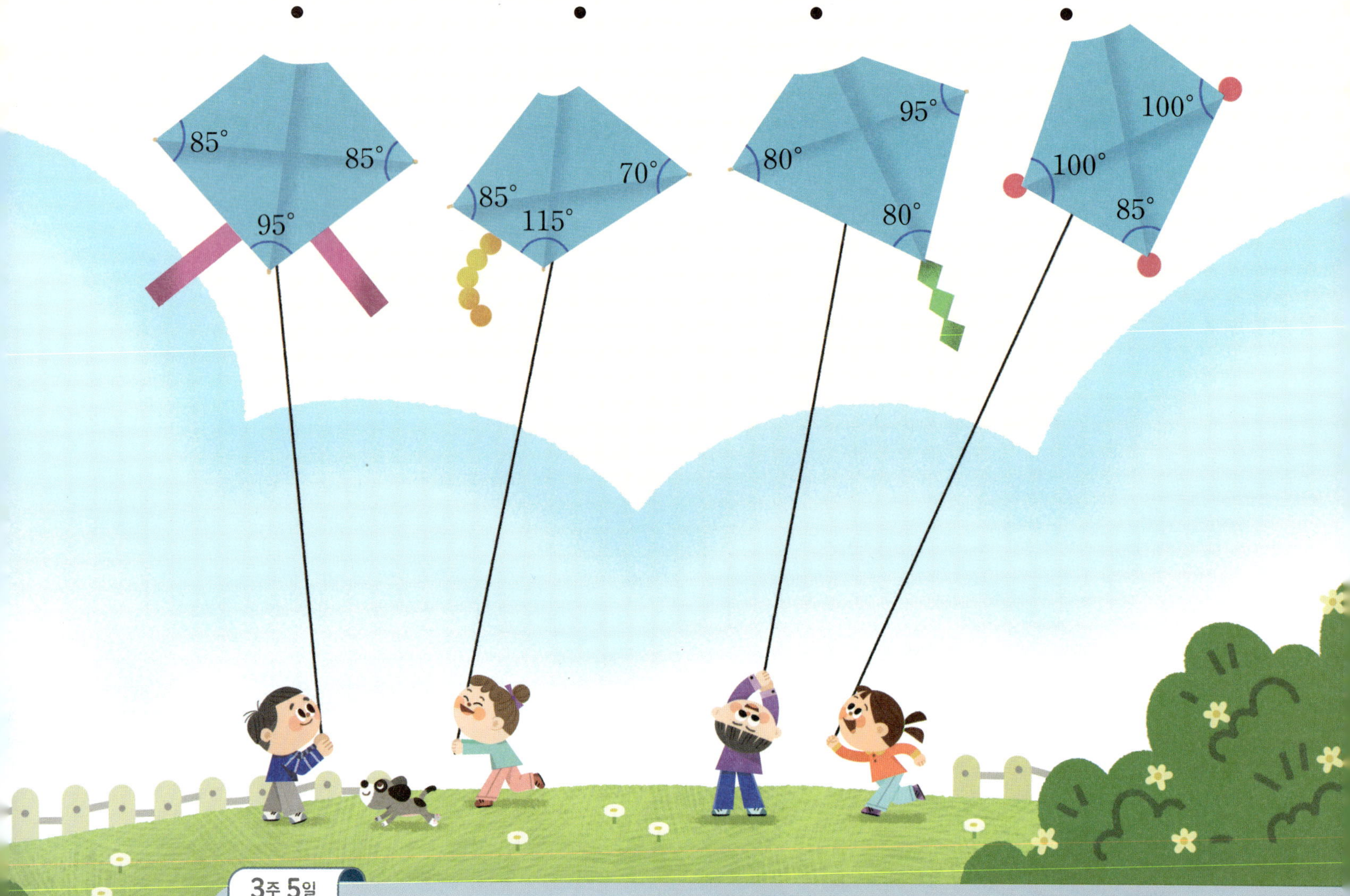

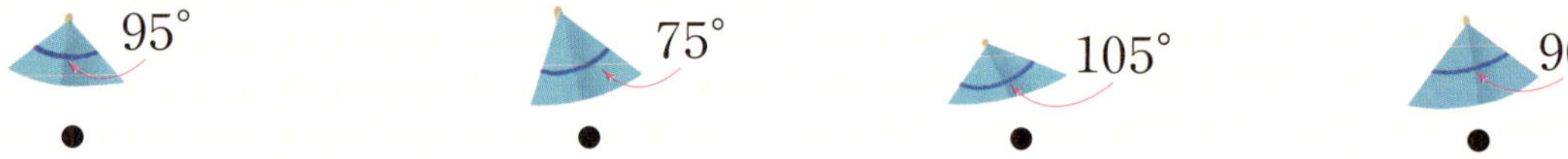

⑧ 사각형의 네 각의 크기의 합 (2)

● 사각형의 네 각의 크기의 합을 알아볼까요?

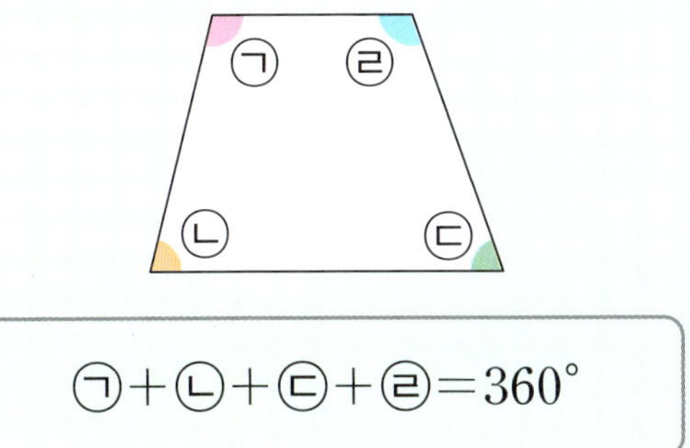

$$㉠ + ㉡ + ㉢ + ㉣ = 360°$$

1~6 □ 안에 알맞은 수를 써넣으세요.

1
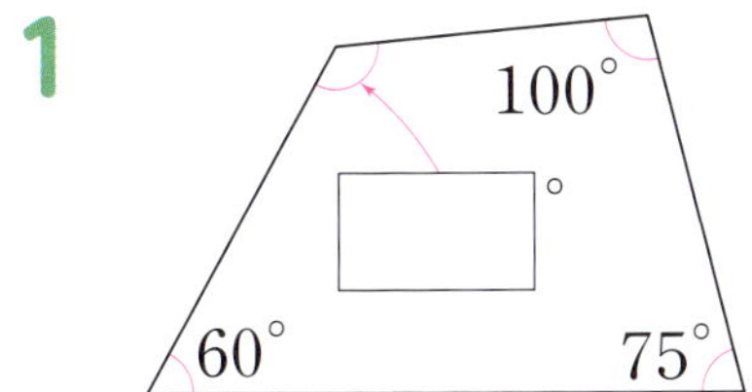

4
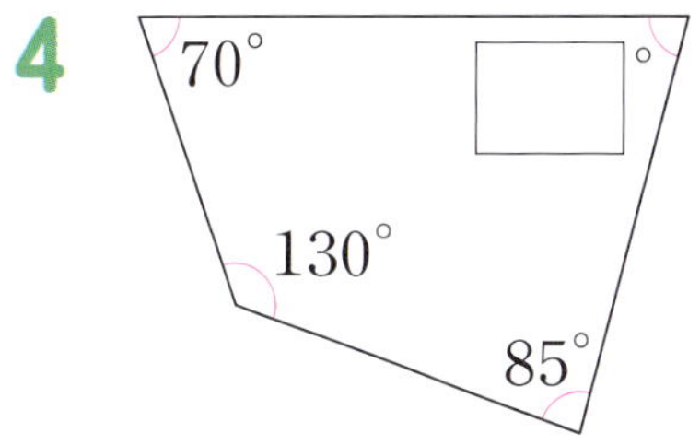

2
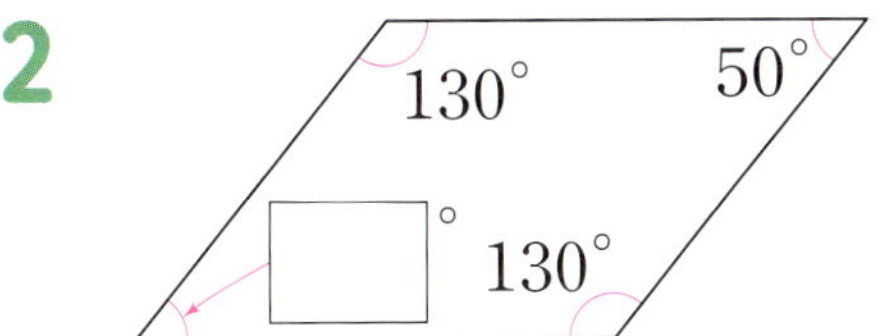

5
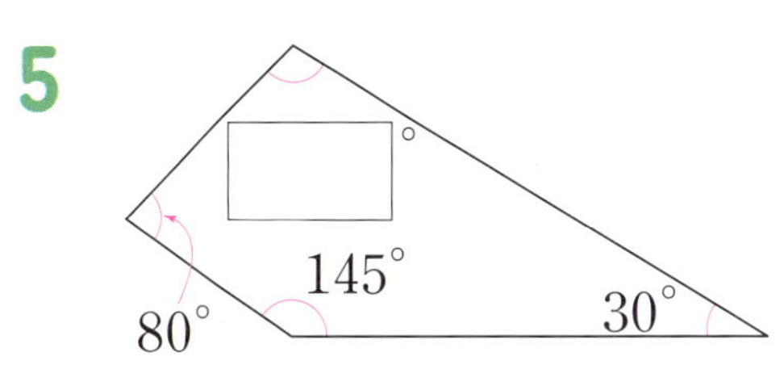

3
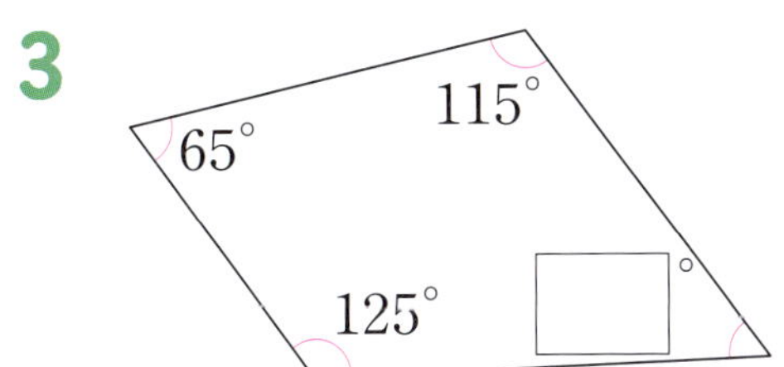

6
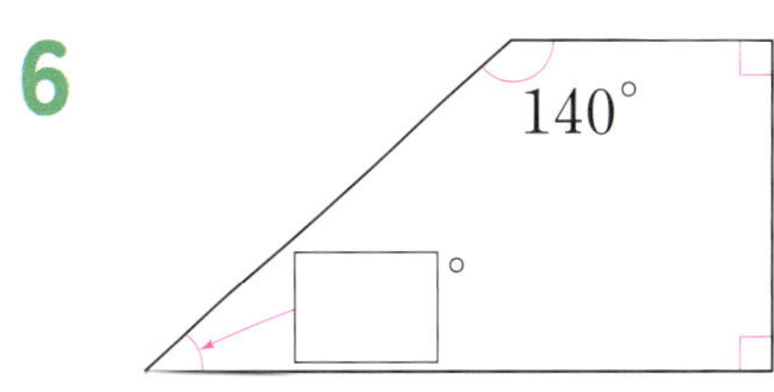

7

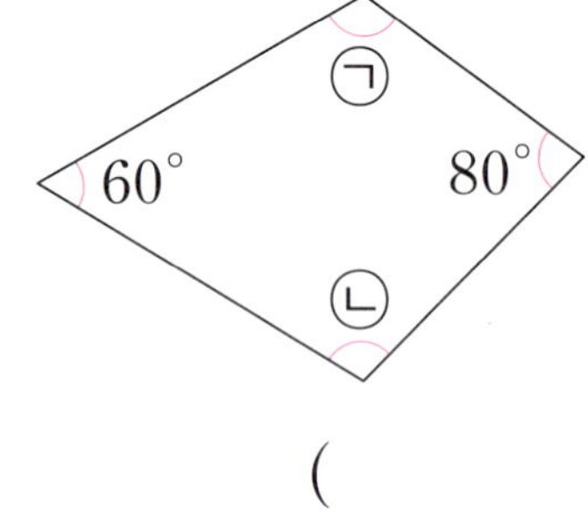

(   )

8

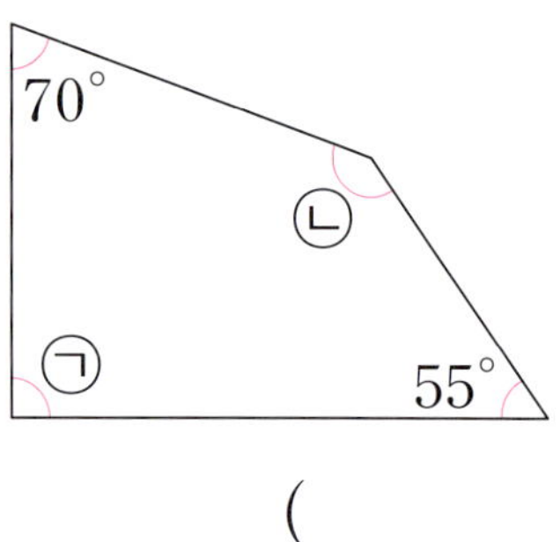

(   )

9

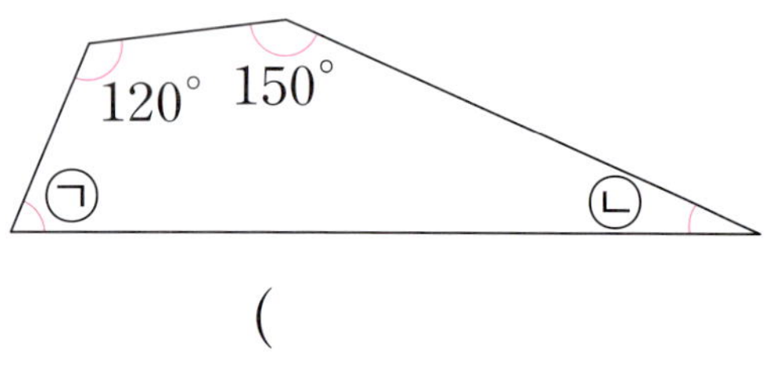

(   )

10

(   )

11

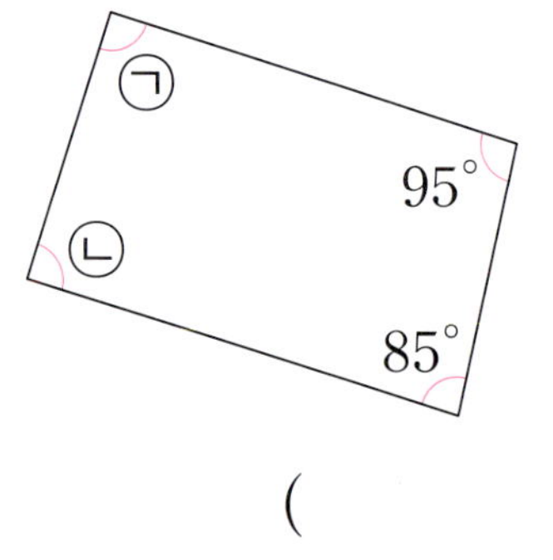

(   )

12

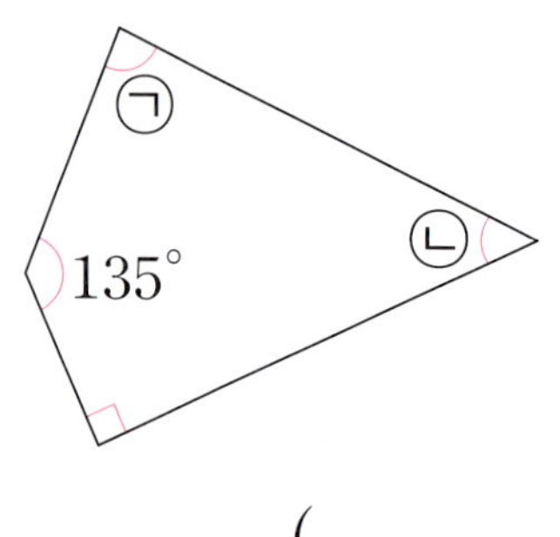

(   )

13

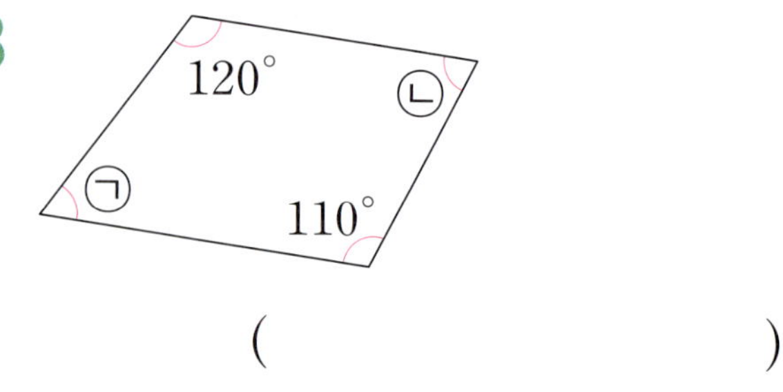

(   )

14

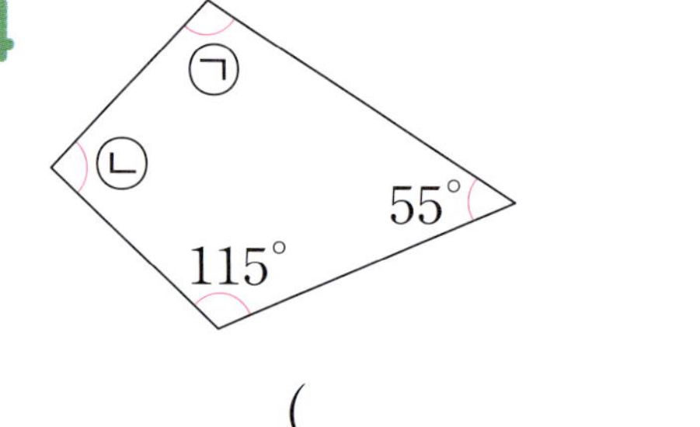

(   )

15

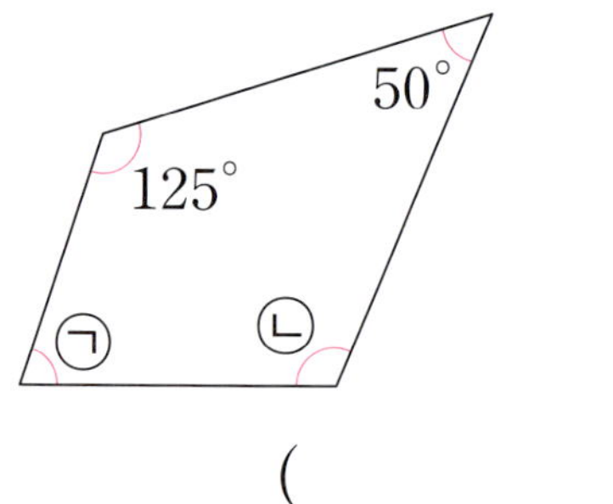

(   )

16

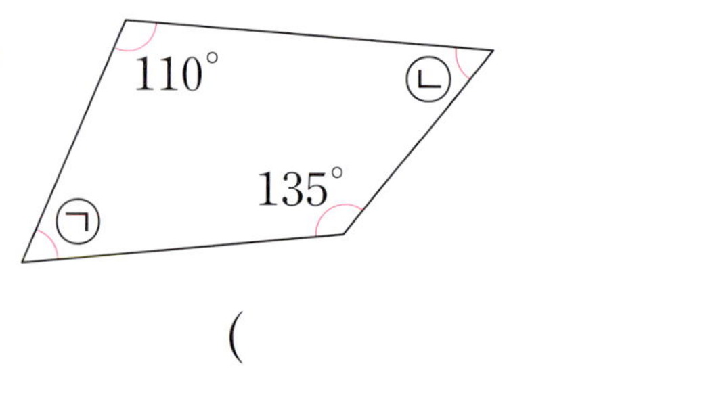

(   )

17

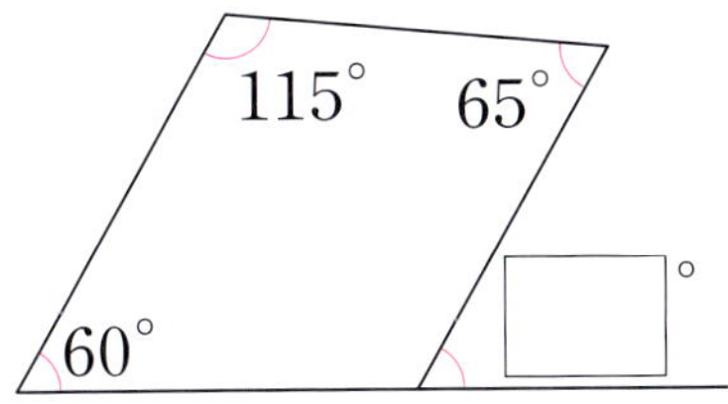

20

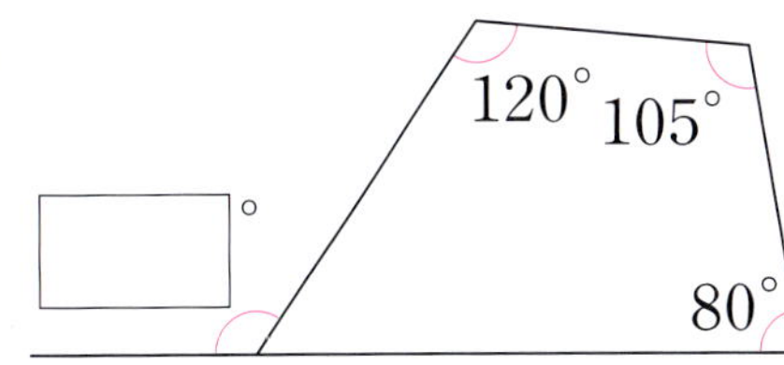

18

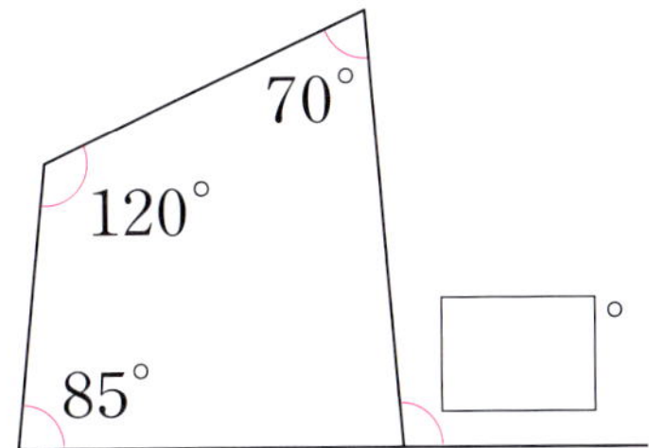

21

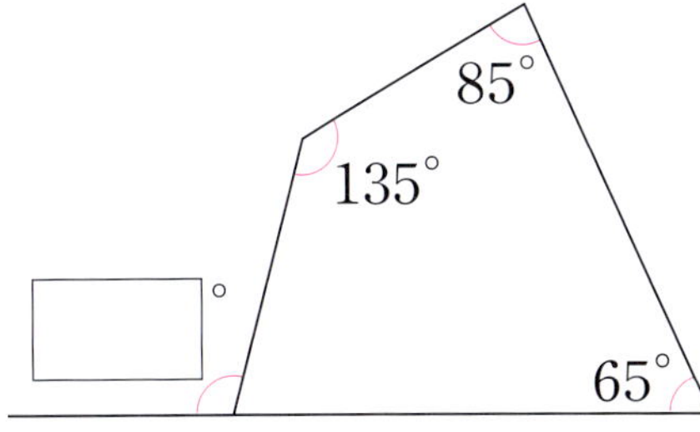

19

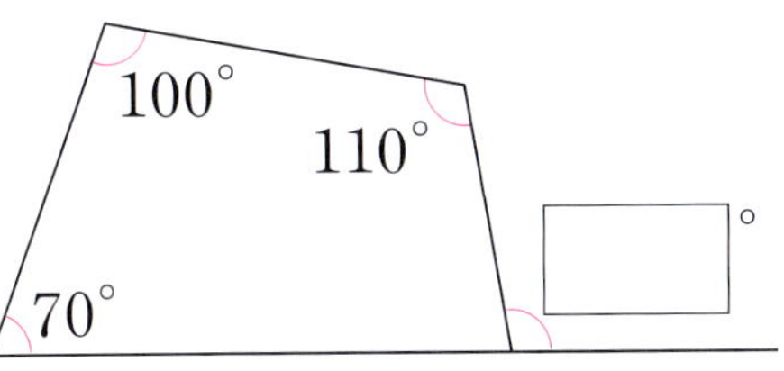

22

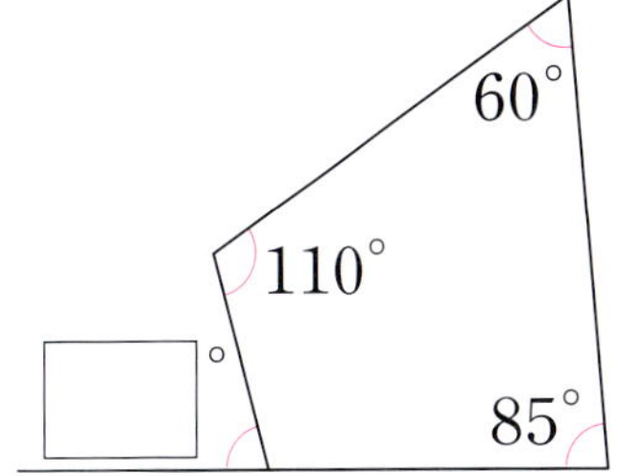

혜진이와 승우가 사각형의 네 각의 크기를 각각 재었습니다. 잘못 잰 친구를 찾아 이름을 쓰세요.

혜진	$90°, 75°, 110°, 85°$
승우	$65°, 55°, 150°, 100°$

사각형의 네 각의 크기의 합은 ☐ °입니다.

혜진: ☐° + ☐° + ☐° + ☐° = ☐°

승우: ☐° + ☐° + ☐° + ☐° = ☐°

따라서 사각형의 네 각의 크기를 잘못 잰 친구는 (혜진 , 승우)입니다. 답 ☐

지역 찾기

가, 나, 다 지역에 표시되어 있는 ◆, ♥, ♠의 각도의 합이 가장 큰 곳에 도자기가 묻혀 있습니다. 가, 나, 다 지역 중 도자기가 묻혀 있는 지역을 찾아보세요.

오늘 나의 실력을 평가해 봐!

부모님 응원 한마디

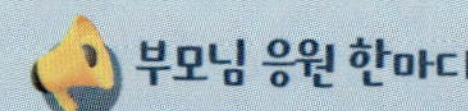

📖 교과서 각도

마무리 연산

1~2 그림을 보고 □ 안에 알맞은 수를 써넣으세요.

1

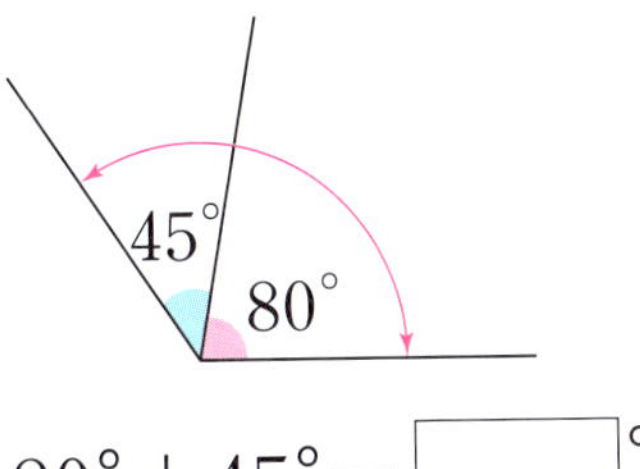

$$80° + 45° = \boxed{}°$$

2

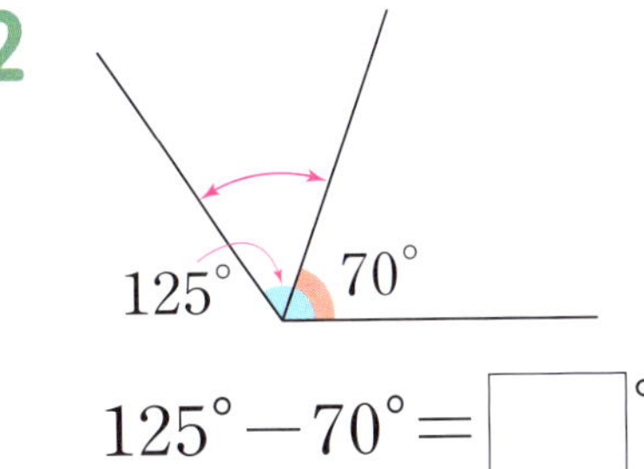

$$125° - 70° = \boxed{}°$$

3~6 각도의 합과 차를 구하세요.

3 $30° + 40°$

4 $15° + 110°$

5 $60° - 25°$

6 $140° - 100°$

7~10 빈칸에 알맞은 각도를 써넣으세요.

7

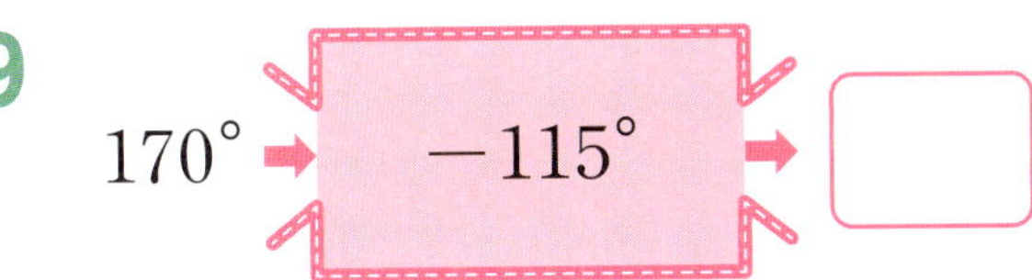

$$105° \quad +50° \quad \boxed{}$$

9

$$170° \quad -115° \quad \boxed{}$$

8

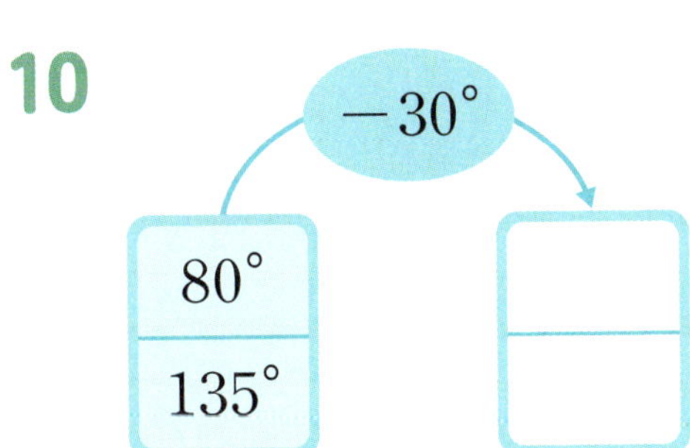

$+65°$

$20°$	
$105°$	

10

$-30°$

$80°$	
$135°$	

11

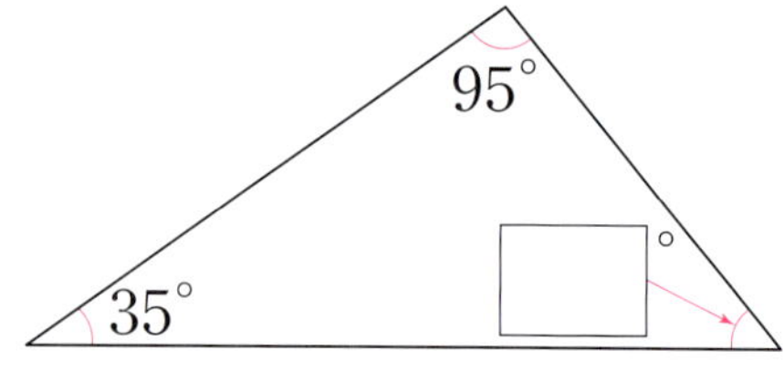

13

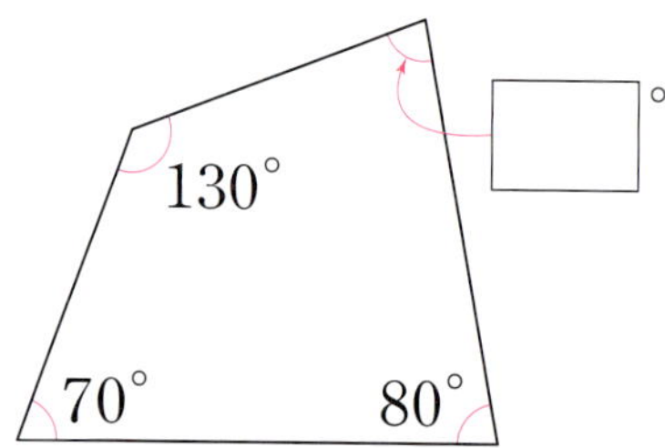

12

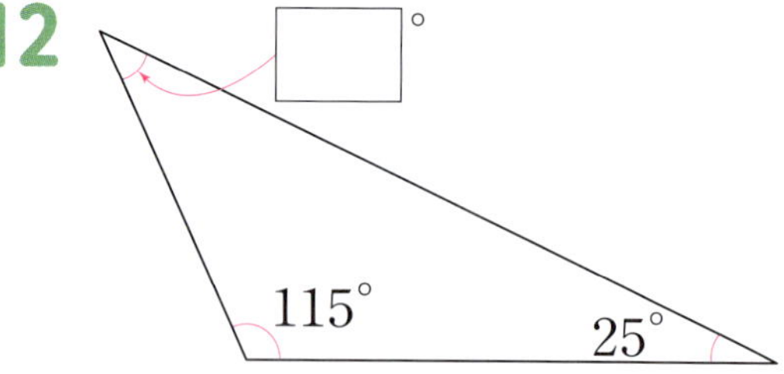

14

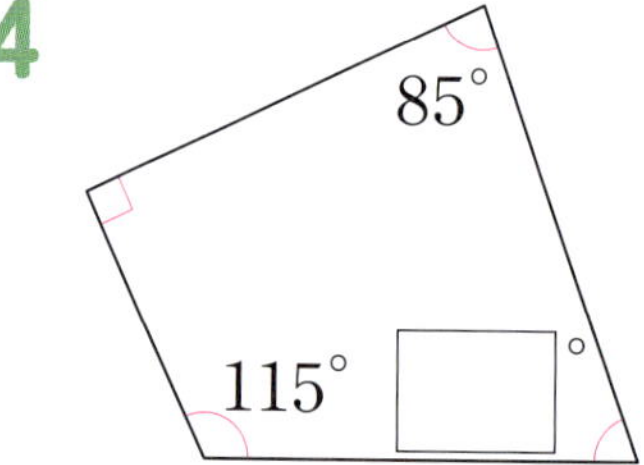

15~16 삼각형의 세 각 중 두 각의 크기가 다음과 같을 때 나머지 한 각의 크기를 구하세요.

15

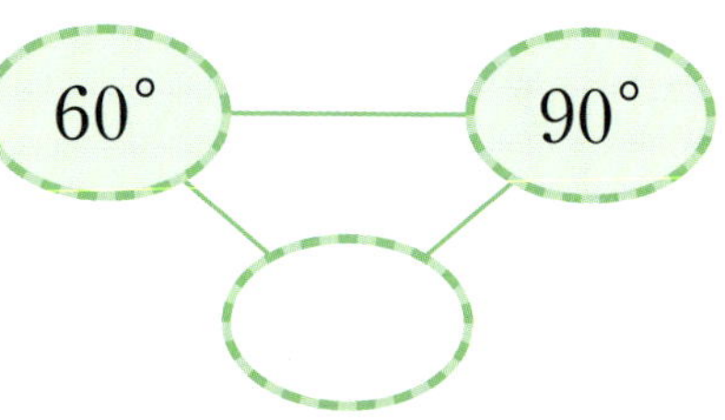

16

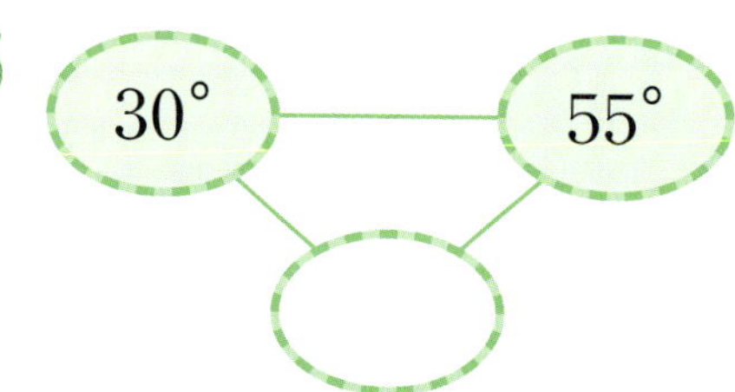

17~18 사각형의 네 각 중 세 각의 크기가 다음과 같을 때 나머지 한 각의 크기를 구하세요.

17

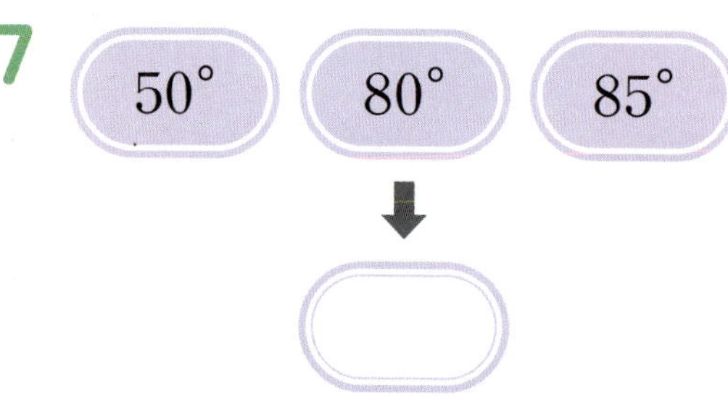

18

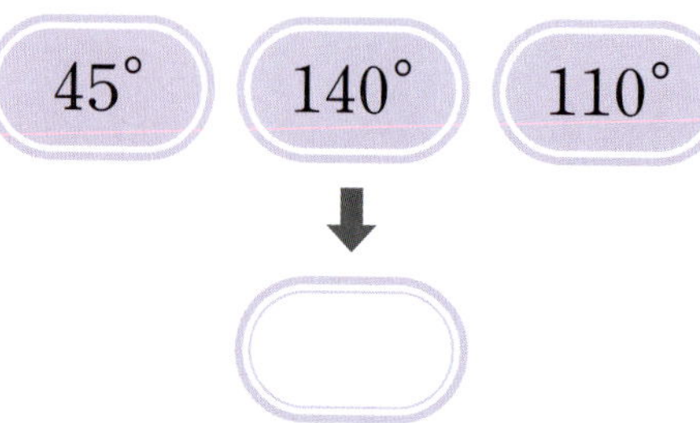

19 계산 결과가 같은 것끼리 선으로 이으세요.

$45° + 45°$ •

$20° + 90°$ •

$100° + 30°$ •

• $150° - 60°$

• $175° - 45°$

• $130° - 20°$

20 두 각도의 합과 차를 각각 구하세요.

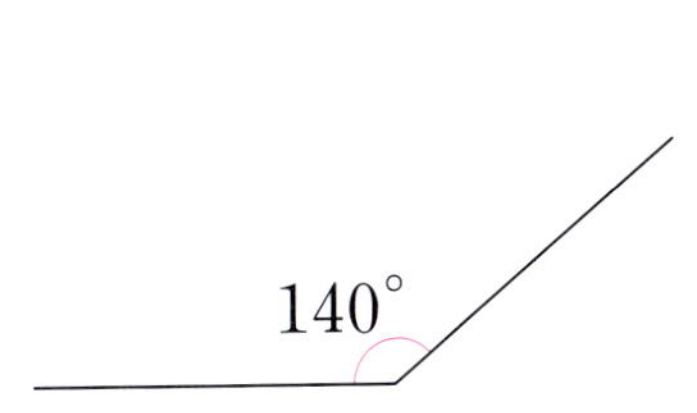

합 ( )

차 ( )

21 그림에서 ㉠의 각도를 구하세요.

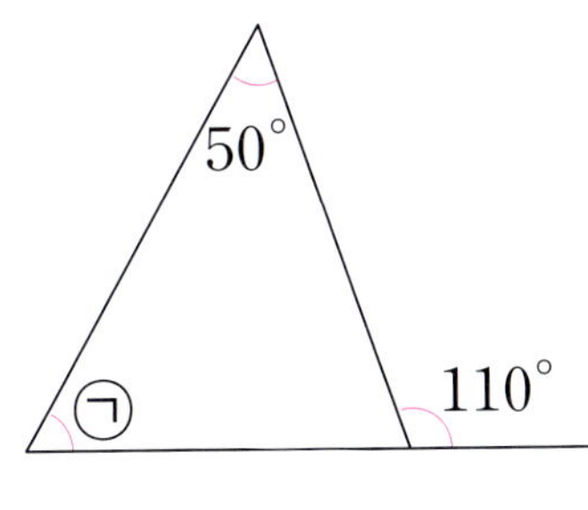

( )

22 그림에서 ㉠의 각도를 구하세요.

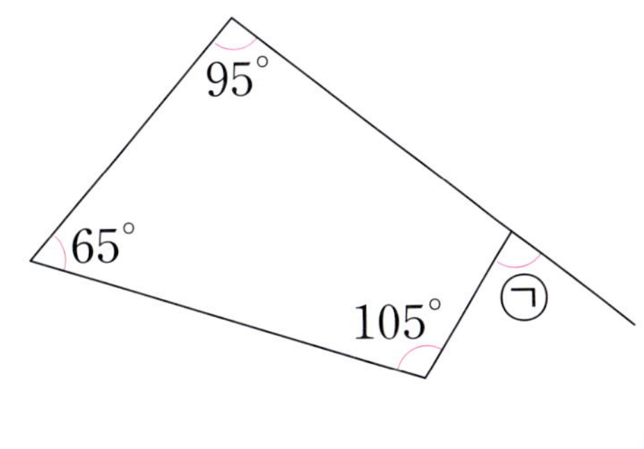

( )

23 한 각의 크기가 70°인 삼각형이 있습니다. 이 삼각형의 나머지 두 각의 크기의 합을 구하세요.

식

답

24 오른쪽 그림과 같이 사각형 모양의 종이에 물감이 묻어 일부분이 보이지 않습니다. 보이지 않는 부분의 각도를 구하세요.

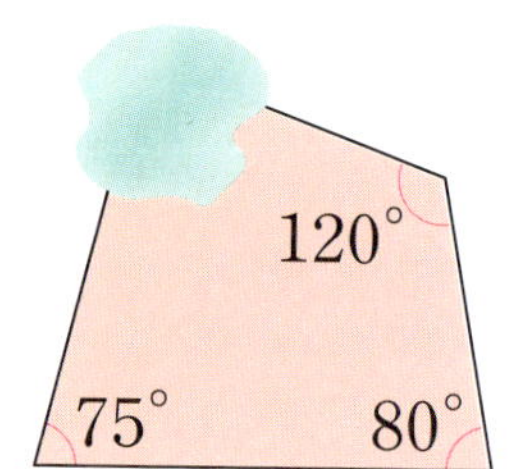

식

답

25 오른쪽 그림에서 각 ㄱㄹㅁ의 크기를 구하세요.

식

답

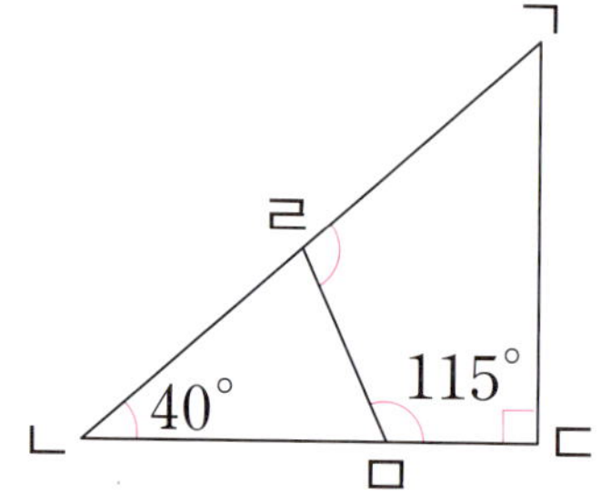

📖 교과서 곱셈과 나눗셈

① (몇백) × (몇십)

● 300 × 40을 계산해 볼까요?

가로로 계산하기	세로로 계산하기
0을 3개 붙입니다. $300 \times 40 = 12000$ $3 \times 4 = 12$	3 0 0 × 4 0 1 2 0 0 0 0을 3개 붙입니다.

(몇) × (몇)을 계산한 값에 0을 3개 붙입니다.

1~12 곱셈을 하세요.

1 200×30

2 500×20

3 300×60

4 400×70

5 300×30

6 700×90

7 800×40

8 600×50

9 100×50

10 800×80

11 900×50

12 700×30

 곱셈을 하세요.

13
$$600 \times 30$$

14
$$200 \times 80$$

15
$$300 \times 70$$

16
$$800 \times 30$$

17
$$600 \times 90$$

18
$$500 \times 30$$

19
$$900 \times 70$$

20
$$700 \times 60$$

21
$$400 \times 50$$

22
$$800 \times 70$$

23
$$100 \times 80$$

24
$$600 \times 40$$

25
$$900 \times 60$$

26
$$700 \times 20$$

27
$$900 \times 80$$

28

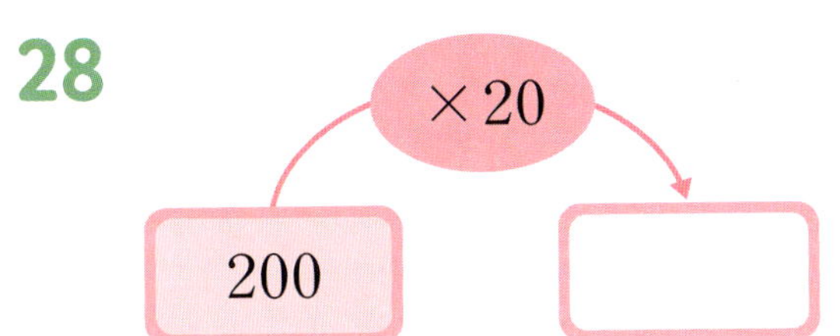

32

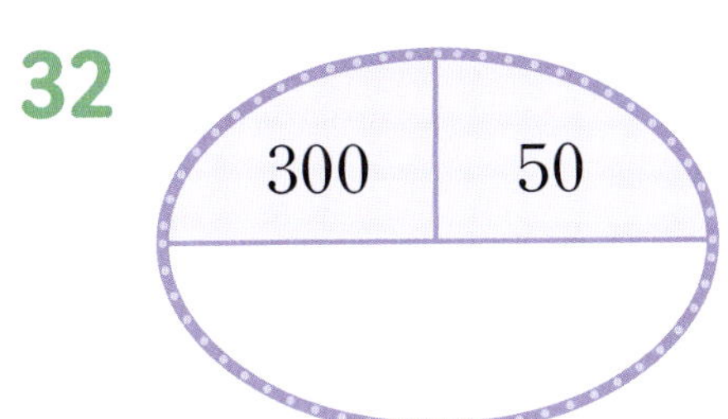

29

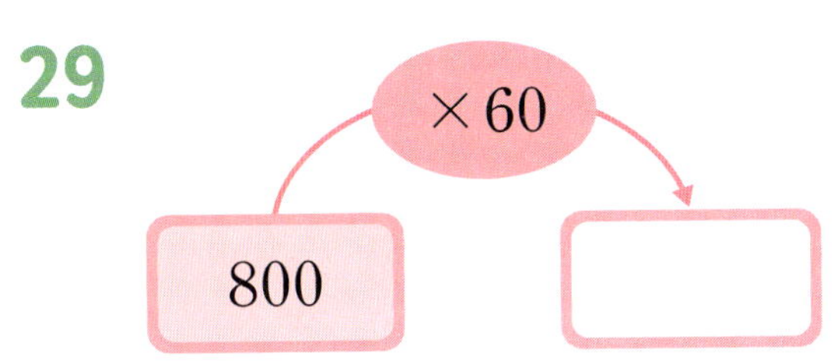

33

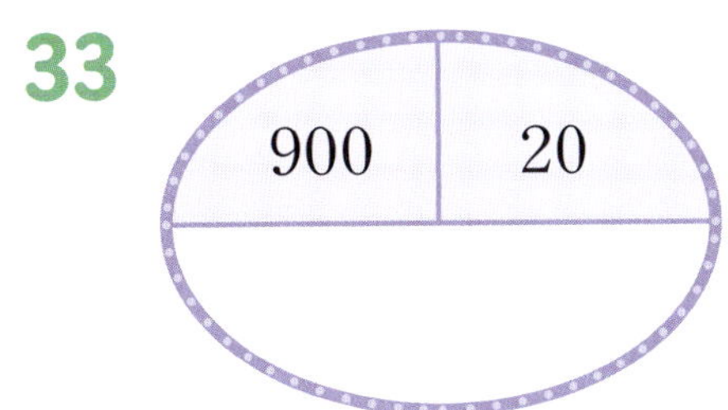

30

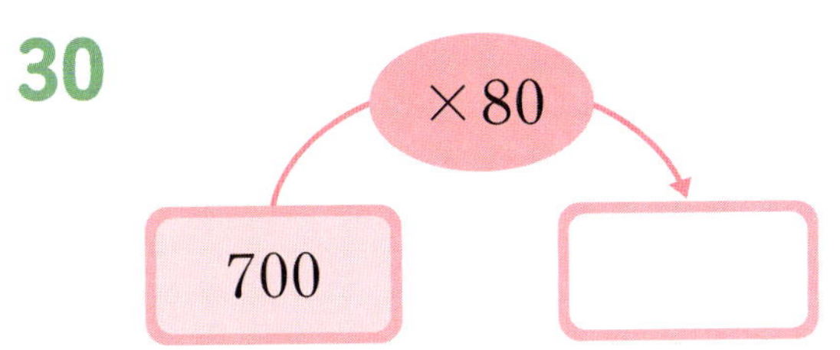

34

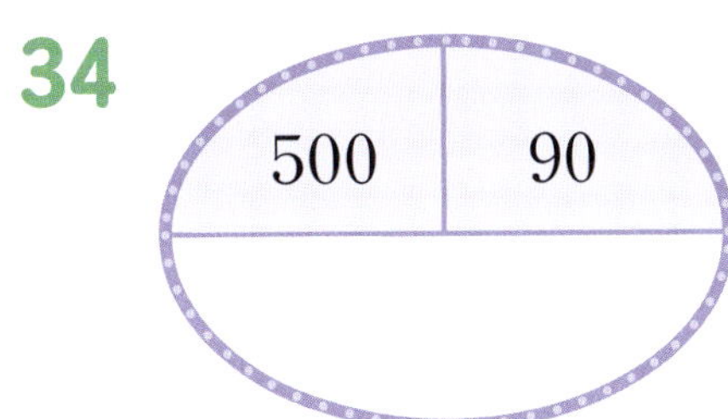

31

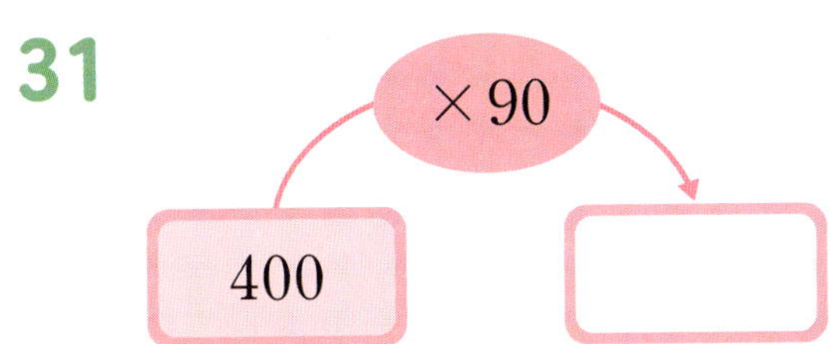

35

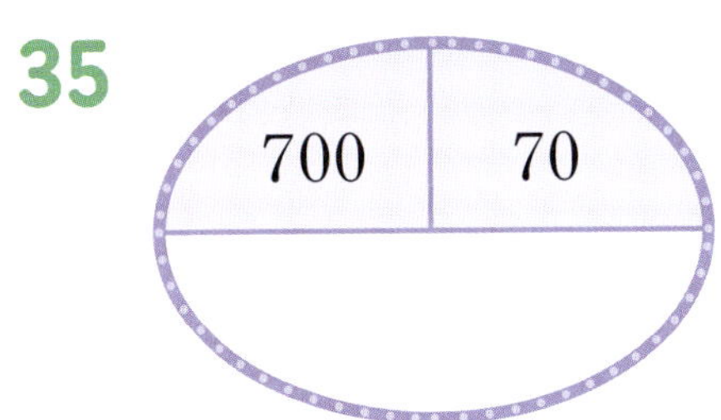

한 봉지에 200개씩 들어 있는 사탕을 60봉지 샀습니다. 사탕은 모두 몇 개인가요?

한 봉지에 들어 있는 사탕 수: ☐ 개, 봉지 수: ☐ 봉지

(전체 사탕 수)＝(한 봉지에 들어 있는 사탕 수)×(봉지 수)

　　　　＝☐ ×☐ ＝☐ (개)　　　　　답 ☐ 개

선 잇기

마트에서 산 물건을 각자의 자동차에 실으려고 합니다. 계산 결과를 찾아 선으로 이으세요.

600×20	400×80	900×30	700×50

12000	27000	32000	35000

❷ (세 자리 수)×(몇십) (1)

● 132×20을 계산해 볼까요?

$$132 \times 2 = 264$$

$$132 \times 20 = 2640$$

$$
\begin{array}{r}
1\ 3\ 2 \\
\times \qquad 2 \\
\hline
2\ 6\ 4
\end{array}
$$

10배 →

$$
\begin{array}{r}
1\ 3\ 2 \\
\times \quad 2\ 0 \\
\hline
2\ 6\ 4\ 0
\end{array}
$$

0을 1개 붙입니다.

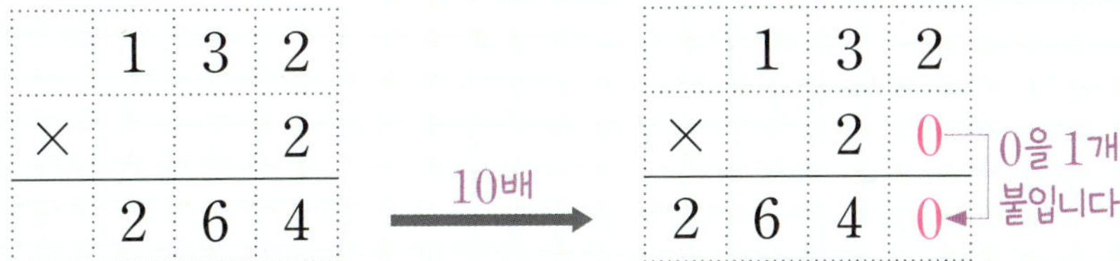
(세 자리 수)×(몇)을 계산한 값에 0을 1개 붙입니다.

1~6 곱셈을 하세요.

1
$$
\begin{array}{r}
1\ 9\ 3 \\
\times \quad 2\ 0 \\
\hline
\end{array}
$$

3
$$
\begin{array}{r}
3\ 0\ 2 \\
\times \quad 5\ 0 \\
\hline
\end{array}
$$

5
$$
\begin{array}{r}
6\ 2\ 4 \\
\times \quad 4\ 0 \\
\hline
\end{array}
$$

2
$$
\begin{array}{r}
2\ 1\ 3 \\
\times \quad 4\ 0 \\
\hline
\end{array}
$$

4
$$
\begin{array}{r}
4\ 2\ 1 \\
\times \quad 3\ 0 \\
\hline
\end{array}
$$

6
$$
\begin{array}{r}
7\ 2\ 6 \\
\times \quad 5\ 0 \\
\hline
\end{array}
$$

 곱셈을 하세요.

7
$$113 \times 30$$

8
$$317 \times 20$$

9
$$278 \times 90$$

10
$$542 \times 70$$

11
$$703 \times 50$$

12
$$241 \times 40$$

13
$$179 \times 20$$

14
$$621 \times 40$$

15
$$403 \times 60$$

16
$$519 \times 80$$

17
$$322 \times 70$$

18
$$940 \times 60$$

19
$$457 \times 30$$

20
$$742 \times 50$$

21
$$816 \times 90$$

22 134×40

23 211×30

24 975×20

25 407×70

26 609×50

27 540×90

28 950×70

29

30

31

32

33

34

사다리 타기

사다리 타기는 세로선을 따라 아래로 내려가다가 가로선을 만나면 가로로 이동하고, 다시 세로선을 만나면 세로선을 따라 아래로 내려가는 놀이입니다. 주어진 식의 계산 결과를 사다리를 타고 내려가서 도착한 곳에 써넣으세요.

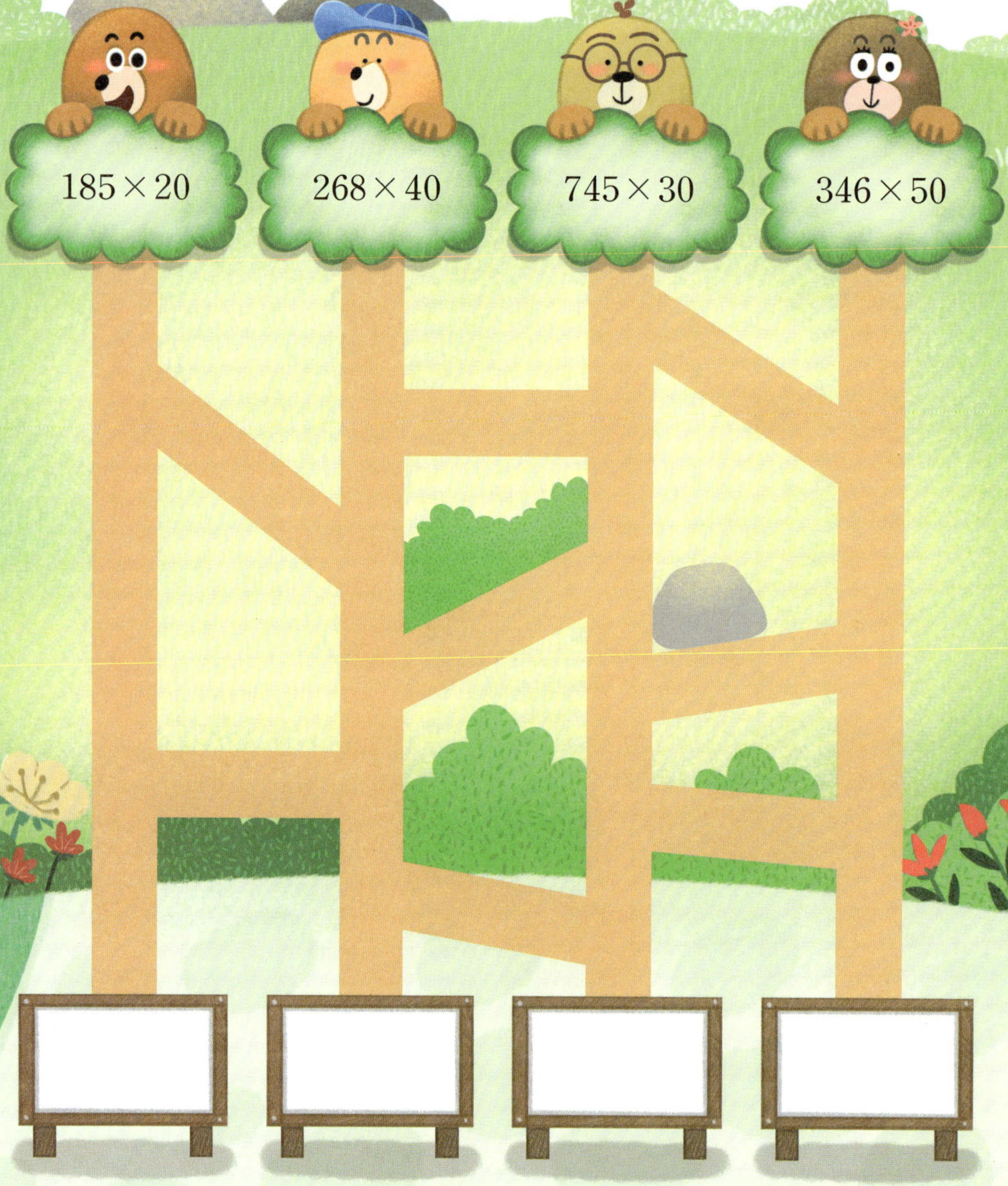

185×20 268×40 745×30 346×50

4주 5일 ❸ (세 자리 수)×(몇십)(2)

● 325 × 30을 계산해 볼까요?

```
    3 2 5              3 2 5
  ×   3      10배    ×   3 0
  ─────────    →    ─────────
    9 7 5            9 7 5 0
```

1~9 곱셈을 하세요.

1
```
    2 3 4
  ×   2 0
  ─────────
```

4
```
    4 2 1
  ×   4 0
  ─────────
```

7
```
    8 1 3
  ×   5 0
  ─────────
```

2
```
    1 9 7
  ×   3 0
  ─────────
```

5
```
    3 8 0
  ×   7 0
  ─────────
```

8
```
    9 8 4
  ×   3 0
  ─────────
```

3
```
    2 0 7
  ×   9 0
  ─────────
```

6
```
    5 6 4
  ×   6 0
  ─────────
```

9
```
    6 9 2
  ×   8 0
  ─────────
```

10~26 곱셈을 하세요.

10 $\begin{array}{r} 1\ 1\ 2 \\ \times\quad 3\ 0 \\ \hline \end{array}$	**15** $\begin{array}{r} 2\ 3\ 6 \\ \times\quad 4\ 0 \\ \hline \end{array}$
11 $\begin{array}{r} 2\ 0\ 8 \\ \times\quad 4\ 0 \\ \hline \end{array}$	**16** $\begin{array}{r} 3\ 7\ 8 \\ \times\quad 5\ 0 \\ \hline \end{array}$
12 $\begin{array}{r} 6\ 3\ 9 \\ \times\quad 3\ 0 \\ \hline \end{array}$	**17** $\begin{array}{r} 4\ 8\ 1 \\ \times\quad 7\ 0 \\ \hline \end{array}$
13 $\begin{array}{r} 3\ 6\ 5 \\ \times\quad 8\ 0 \\ \hline \end{array}$	**18** $\begin{array}{r} 8\ 8\ 5 \\ \times\quad 2\ 0 \\ \hline \end{array}$
14 $\begin{array}{r} 4\ 2\ 8 \\ \times\quad 9\ 0 \\ \hline \end{array}$	**19** $\begin{array}{r} 7\ 2\ 4 \\ \times\quad 6\ 0 \\ \hline \end{array}$

20 478×20

21 314×50

22 910×20

23 842×30

24 284×40

25 730×70

26 685×90

27

455	60

31

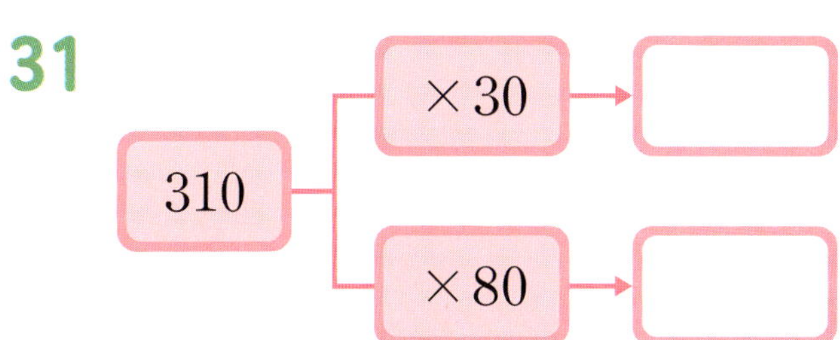

28

246	90

32

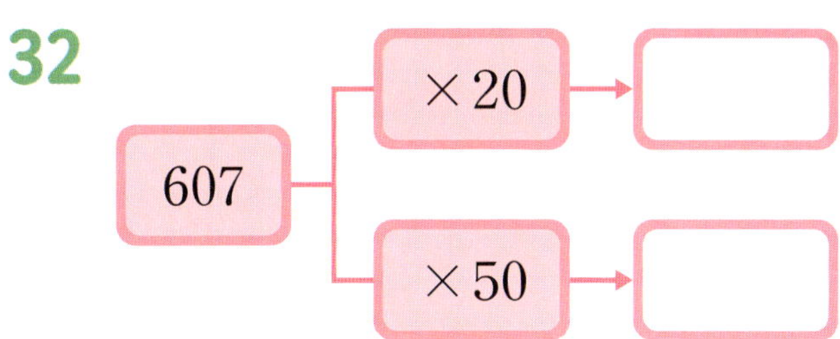

29

569	70

33

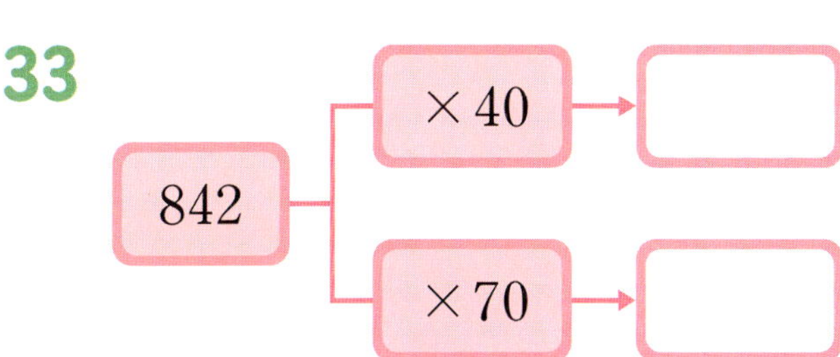

30

916	20

버스 터미널에서 버스가 하루에 355대씩 출발합니다. 이 버스 터미널에서 20일 동안 출발하는 버스는 모두 몇 대인가요?

하루에 출발하는 버스 수: ☐ 대, 날수: ☐ 일

(20일 동안 출발하는 버스 수)＝(하루에 출발하는 버스 수)×(날수)

= ☐ × ☐ = ☐ (대)   답 ☐ 대

뽀삐의 의상

유미네 강아지 뽀삐가 산책을 나가려고 합니다. 목줄 과 옷 중에서 각각의 계산 결과가 더 큰 것을 착용하려고 합니다. 뽀삐의 의상에 ○표 하세요.

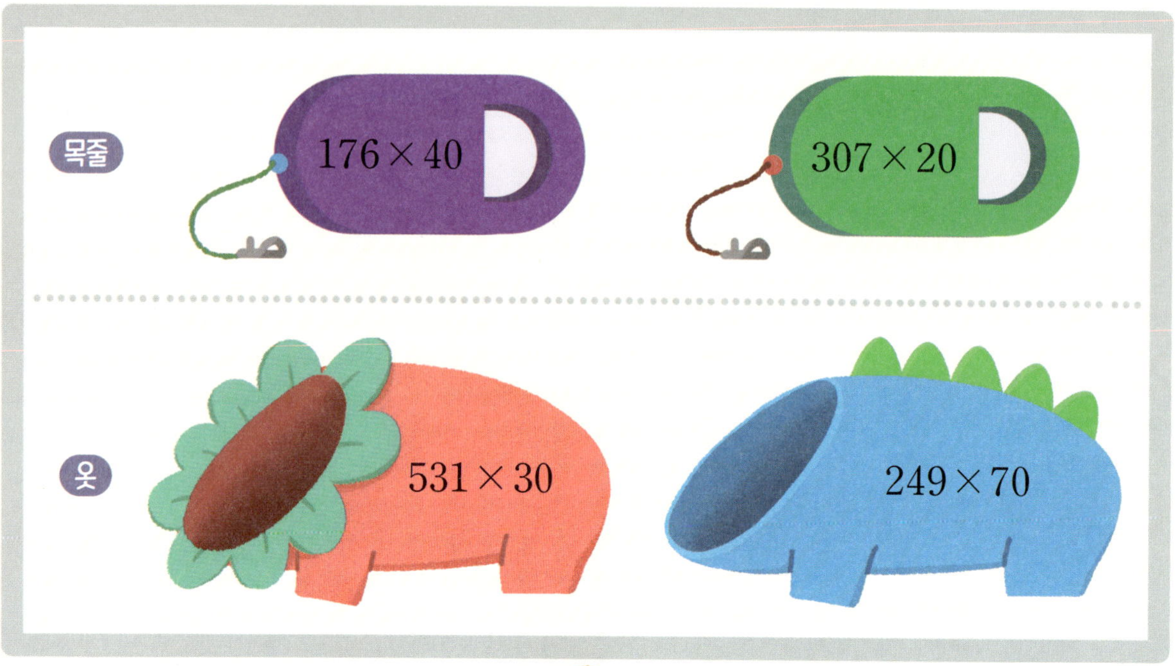
목줄
176 × 40
307 × 20
옷
531 × 30
249 × 70

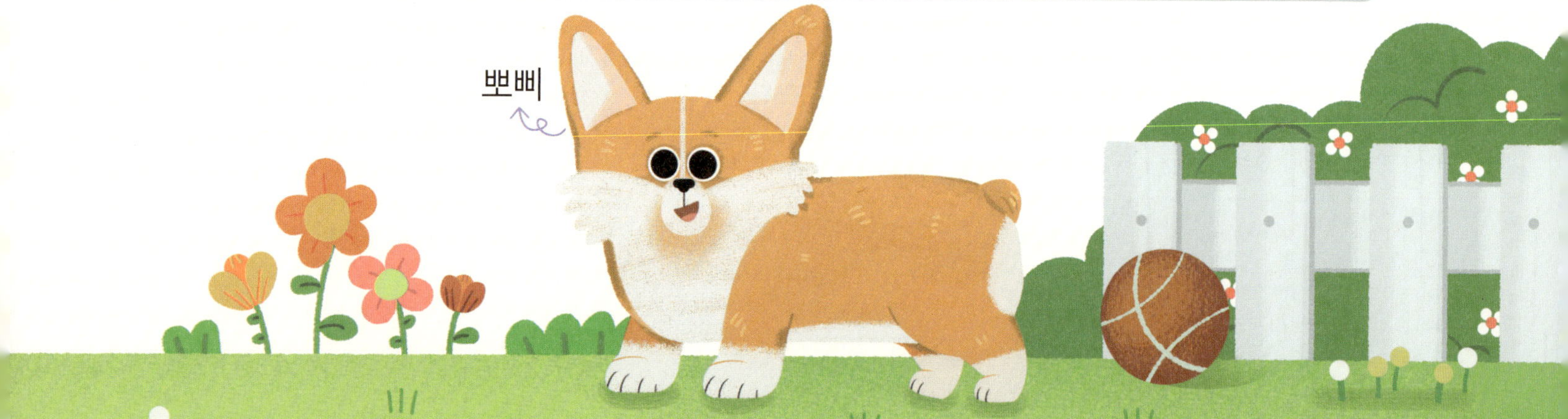
뽀삐

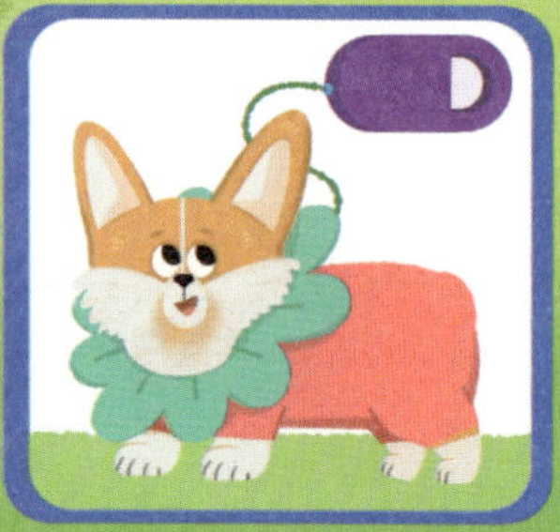

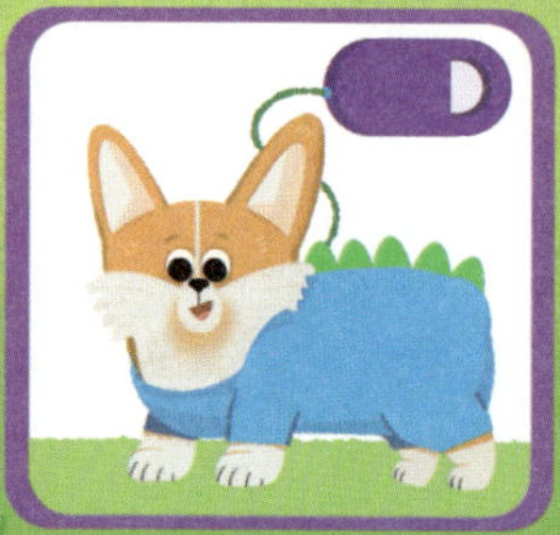

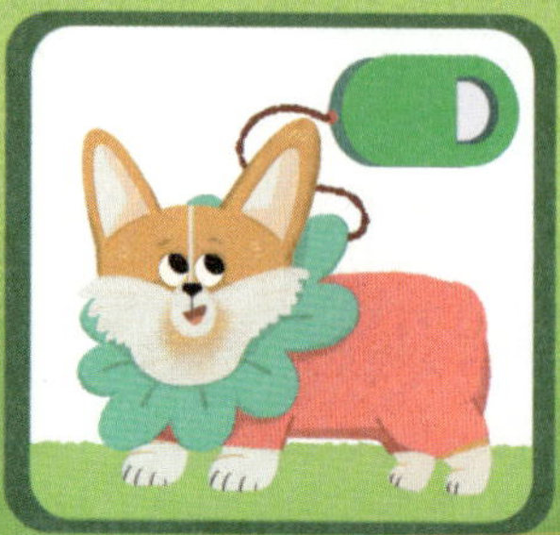

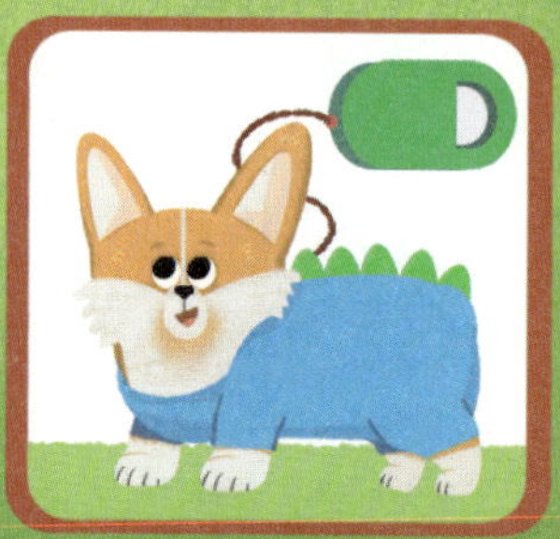

4주 5일
정답 확인

오늘 나의 실력을 평가해 봐!

부모님 응원 한마디

❹ (세 자리 수)×(몇십몇)⑴

● 168×23을 계산해 볼까요?

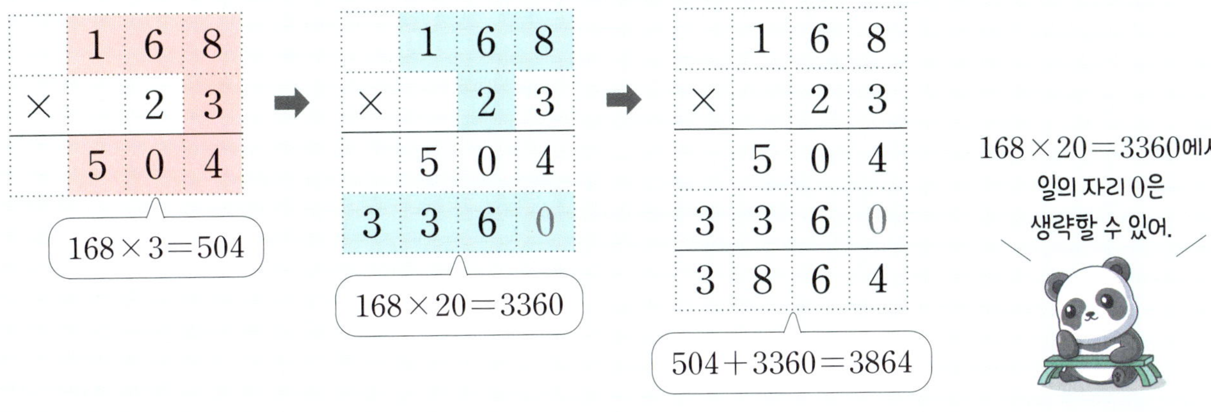

$$168×3=504$$

$$168×20=3360$$

$$504+3360=3864$$

168×20=3360에서
일의 자리 0은
생략할 수 있어.

(세 자리 수)×(몇)과 (세 자리 수)×(몇십)을 각각 계산한 후 두 곱을 더합니다.

1~6 곱셈을 하세요.

1

```
    1 5 4
  ×   2 1
```

3

```
    3 7 8
  ×   3 2
```

5

```
    6 0 4
  ×   1 4
```

2

```
    2 2 3
  ×   1 6
```

4

```
    4 5 7
  ×   2 3
```

6

```
    7 1 8
  ×   3 5
```

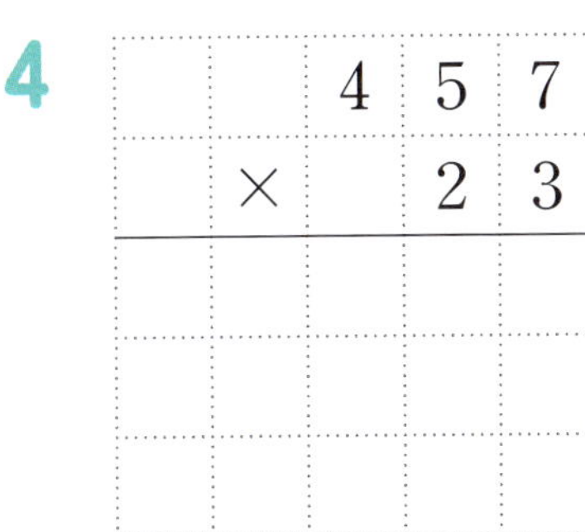

 곱셈을 하세요.

7
$$182 \times 13$$

8
$$274 \times 25$$

9
$$364 \times 52$$

10
$$502 \times 46$$

11
$$811 \times 23$$

12
$$394 \times 47$$

13
$$192 \times 57$$

14
$$680 \times 71$$

15
$$479 \times 18$$

16
$$753 \times 42$$

17
$$283 \times 92$$

18
$$495 \times 61$$

19
$$742 \times 56$$

20
$$925 \times 35$$

21
$$683 \times 87$$

22 253×18

23 725×14

24 135×21

25 648×36

26 336×43

27 473×59

28 826×67

29 173 →  $\times 19$ →

30 296 →  $\times 37$ →

31 824 → $\times 23$ →

32 367 →  $\times 81$ →

33 692 → $\times 57$ →

34 940 →  $\times 74$ →

방 탈출 게임

세아와 도윤이가 비밀번호를 맞히면 방을 탈출할 수 있습니다. 종이에 적힌 곱셈식에서 ㉠, ㉡, ㉢, ㉣에 알맞은 수를 순서대로 쓰면 비밀번호를 알 수 있습니다. 친구들이 방을 탈출할 수 있도록 비밀번호를 알아보세요.

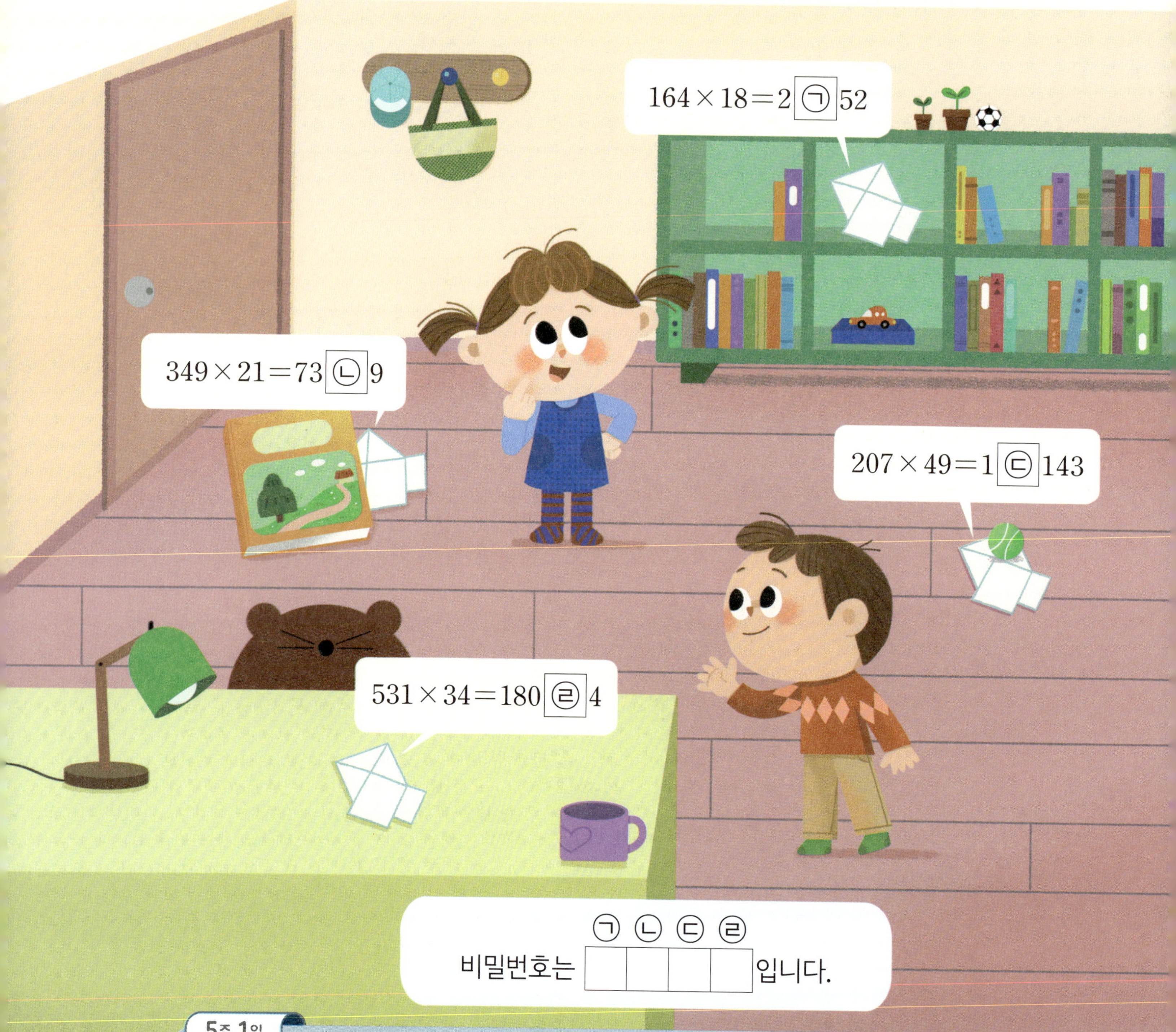

비밀번호는 ㉠ ㉡ ㉢ ㉣ 입니다.

⑤ (세 자리 수)×(몇십몇)(2)

● 249×35를 계산해 볼까요?

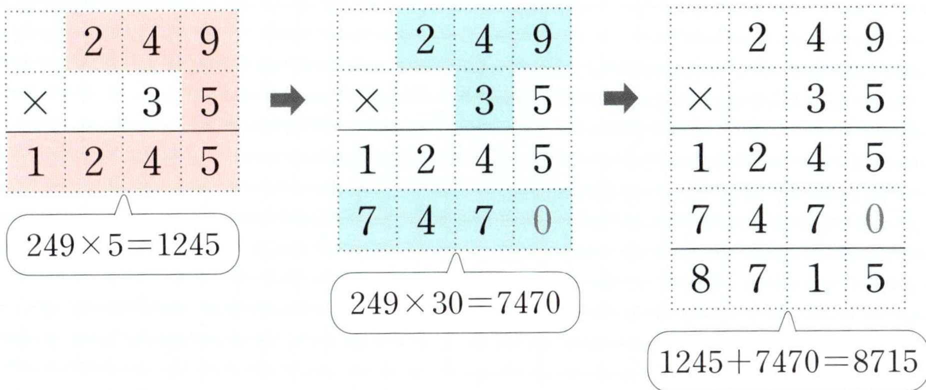

$$249 \times 5 = 1245$$

$$249 \times 30 = 7470$$

$$1245 + 7470 = 8715$$

1~6 곱셈을 하세요.

1

```
    1 8 5
×     2 1
```

3

```
    5 7 6
×     1 4
```

5

```
    3 7 0
×     6 5
```

2

```
    2 3 7
×     4 3
```

4

```
    4 6 9
×     3 7
```

6

```
    7 4 2
×     5 2
```

 곱셈을 하세요.

7

$$\begin{array}{r} 2\ 1\ 3 \\ \times\quad 2\ 4 \\ \hline \end{array}$$

8

$$\begin{array}{r} 5\ 2\ 7 \\ \times\quad 3\ 6 \\ \hline \end{array}$$

9

$$\begin{array}{r} 3\ 2\ 4 \\ \times\quad 7\ 1 \\ \hline \end{array}$$

10

$$\begin{array}{r} 9\ 7\ 0 \\ \times\quad 1\ 2 \\ \hline \end{array}$$

11

$$\begin{array}{r} 6\ 0\ 9 \\ \times\quad 7\ 2 \\ \hline \end{array}$$

12

$$\begin{array}{r} 3\ 6\ 4 \\ \times\quad 1\ 8 \\ \hline \end{array}$$

13

$$\begin{array}{r} 1\ 4\ 1 \\ \times\quad 9\ 5 \\ \hline \end{array}$$

14

$$\begin{array}{r} 6\ 8\ 2 \\ \times\quad 4\ 3 \\ \hline \end{array}$$

15

$$\begin{array}{r} 8\ 5\ 1 \\ \times\quad 7\ 6 \\ \hline \end{array}$$

16

$$\begin{array}{r} 7\ 9\ 2 \\ \times\quad 6\ 1 \\ \hline \end{array}$$

17 128×51

18 268×35

19 542×63

20 356×43

21 436×47

22 698×17

23 857×54

24

25

26

27

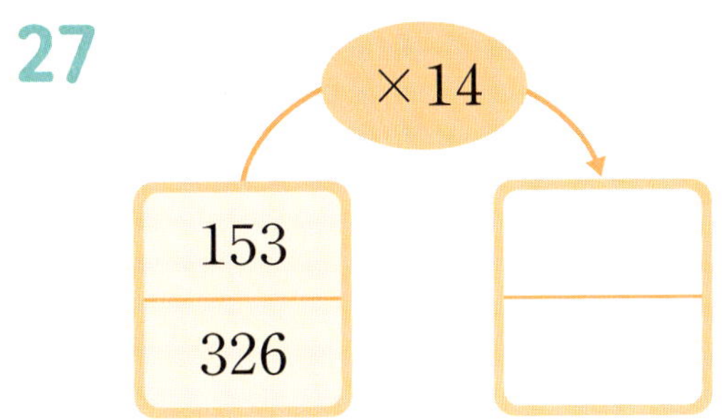

28

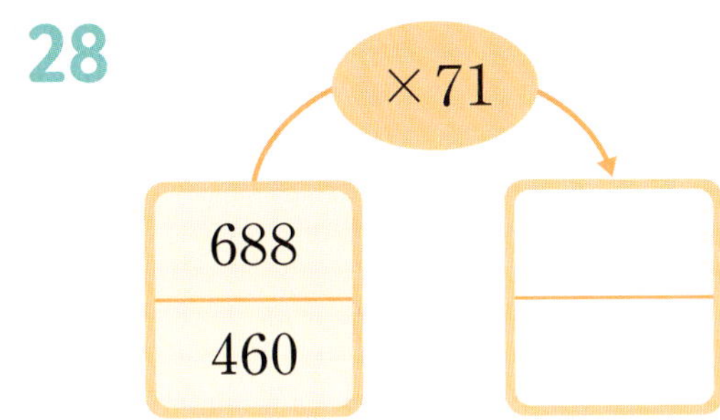

29

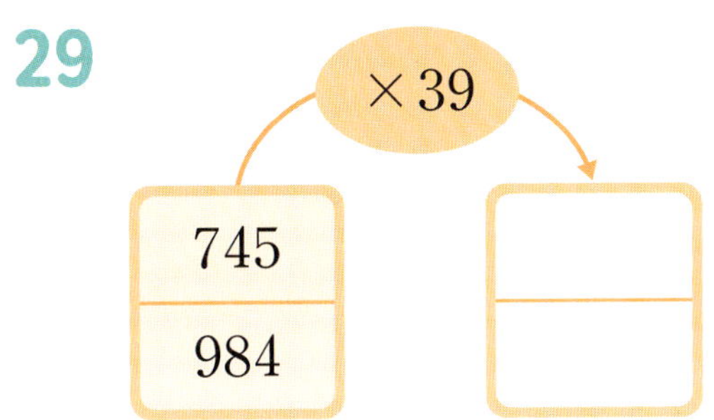

하영이는 하루에 줄넘기를 147번씩 합니다. 하영이가 21일 동안 줄넘기를 한 횟수는 모두 몇 번인가요?

하루에 줄넘기를 하는 횟수: ☐ 번, 줄넘기를 한 날수: ☐ 일

(21일 동안 줄넘기를 한 횟수)

＝(하루에 줄넘기를 하는 횟수)×(줄넘기를 한 날수)

＝ ☐ × ☐ ＝ ☐ (번)

답 ☐ 번

숨은 수 찾기

그림에 숨어 있는 5개의 수를 한 번씩만 이용하여 가장 큰 세 자리 수와 가장 작은 두 자리 수를 만들었습니다. 만든 두 수의 곱을 구하세요.

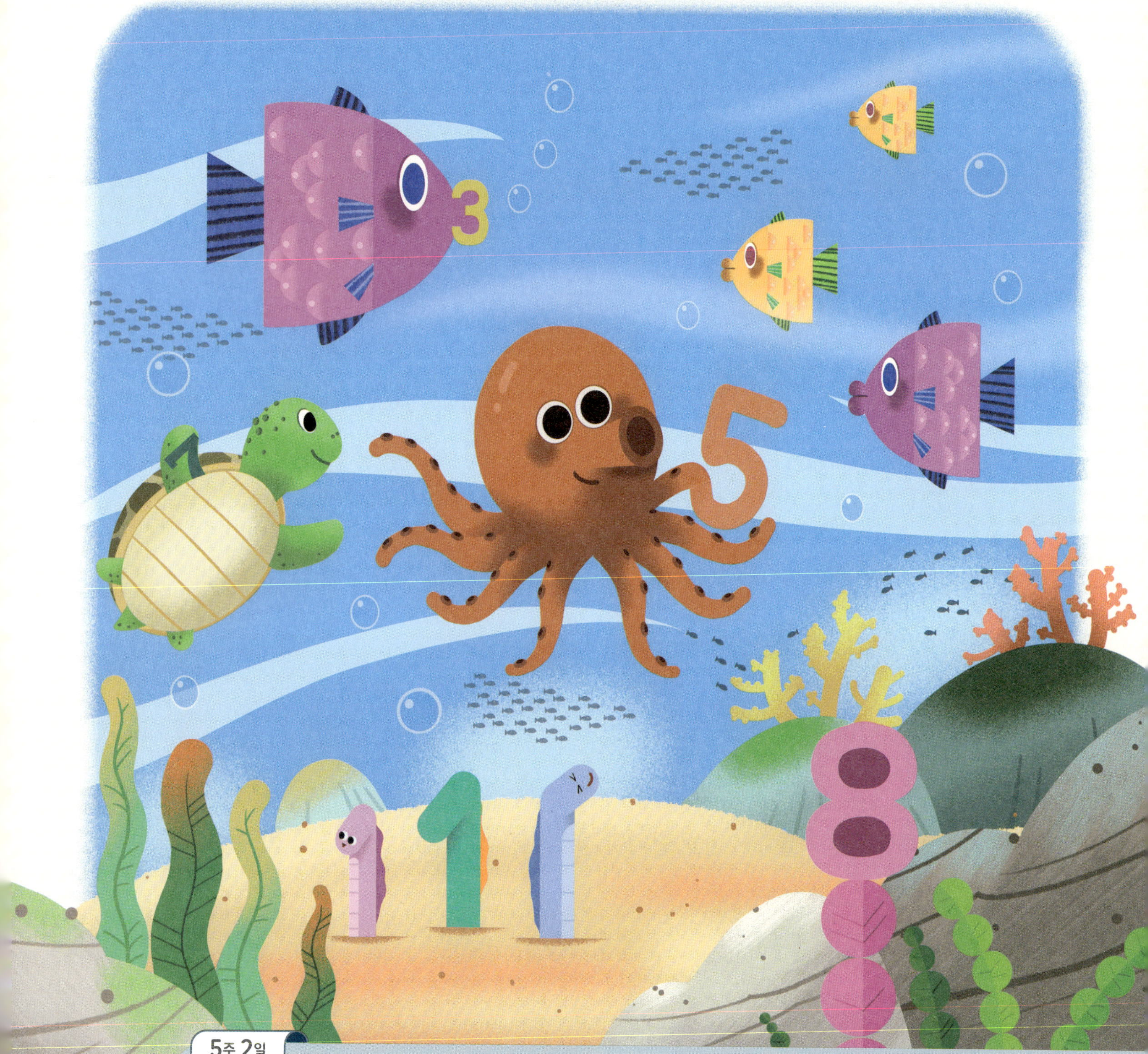

❻ (몇백몇십)÷(몇십)

● 120÷30을 계산해 볼까요?

백 모형 1개는 십 모형 10개와
같으므로 십 모형은 모두 12개입니다.

가로로 계산하기	세로로 계산하기

$$12 \div 3 = 4$$

(10배) (10배)

뜻이 같습니다.

$$120 \div 30 = 4$$

120에 30이 4번 들어갑니다.

$$\begin{array}{r} 4 \\ 30 \overline{)120} \\ 120 \\ \hline 0 \end{array}$$

$$120 \div 30 = 4 \quad \Rightarrow \quad 몫\ 4 \quad 나머지\ 0$$

1~9 나눗셈을 하세요.

1 $120 \div 20$

2 $200 \div 40$

3 $360 \div 60$

4 $160 \div 80$

5 $270 \div 30$

6 $480 \div 60$

7 $240 \div 80$

8 $350 \div 70$

9 $560 \div 80$

10 $20\,\overline{)\,100}$

11 $30\,\overline{)\,210}$

12 $50\,\overline{)\,300}$

13 $60\,\overline{)\,540}$

14 $80\,\overline{)\,640}$

15 $70\,\overline{)\,140}$

16 $50\,\overline{)\,350}$

17 $40\,\overline{)\,360}$

18 $90\,\overline{)\,270}$

19 $80\,\overline{)\,400}$

20 $40\,\overline{)\,240}$

21 $20\,\overline{)\,160}$

22 $90\,\overline{)\,450}$

23 $70\,\overline{)\,490}$

24 $80\,\overline{)\,720}$

 빈칸에 알맞은 수를 써넣으세요.

 빈칸에 큰 수를 작은 수로 나눈 몫을 써넣으세요.

25

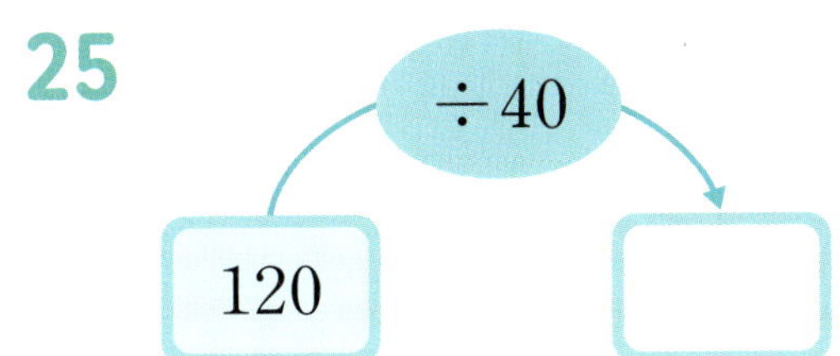

29

26

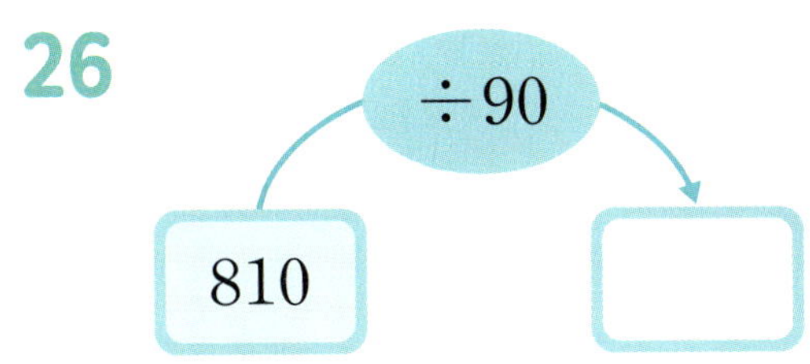

30

27

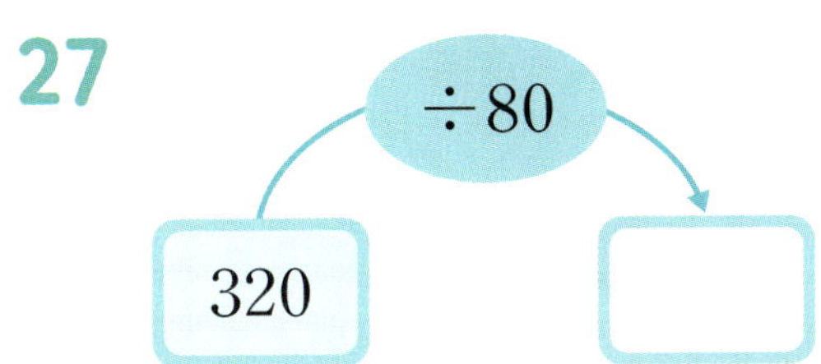

31

28

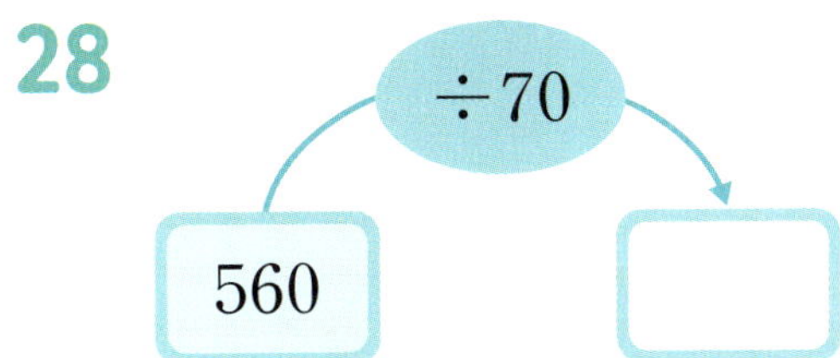

32

리본 한 개를 만드는 데 끈이 40 cm 필요합니다. 끈 160 cm로 리본을 몇 개 만들 수 있나요?

전체 끈의 길이: ☐ cm, 리본 한 개를 만드는 데 필요한 끈의 길이: ☐ cm

(리본 수)＝(전체 끈의 길이)÷(리본 한 개를 만드는 데 필요한 끈의 길이)

＝ ☐ ÷ ☐ ＝ ☐ (개)   답 ☐ 개

색칠하기

나눗셈의 몫이 5인 귤을 모두 찾아 색칠하세요.

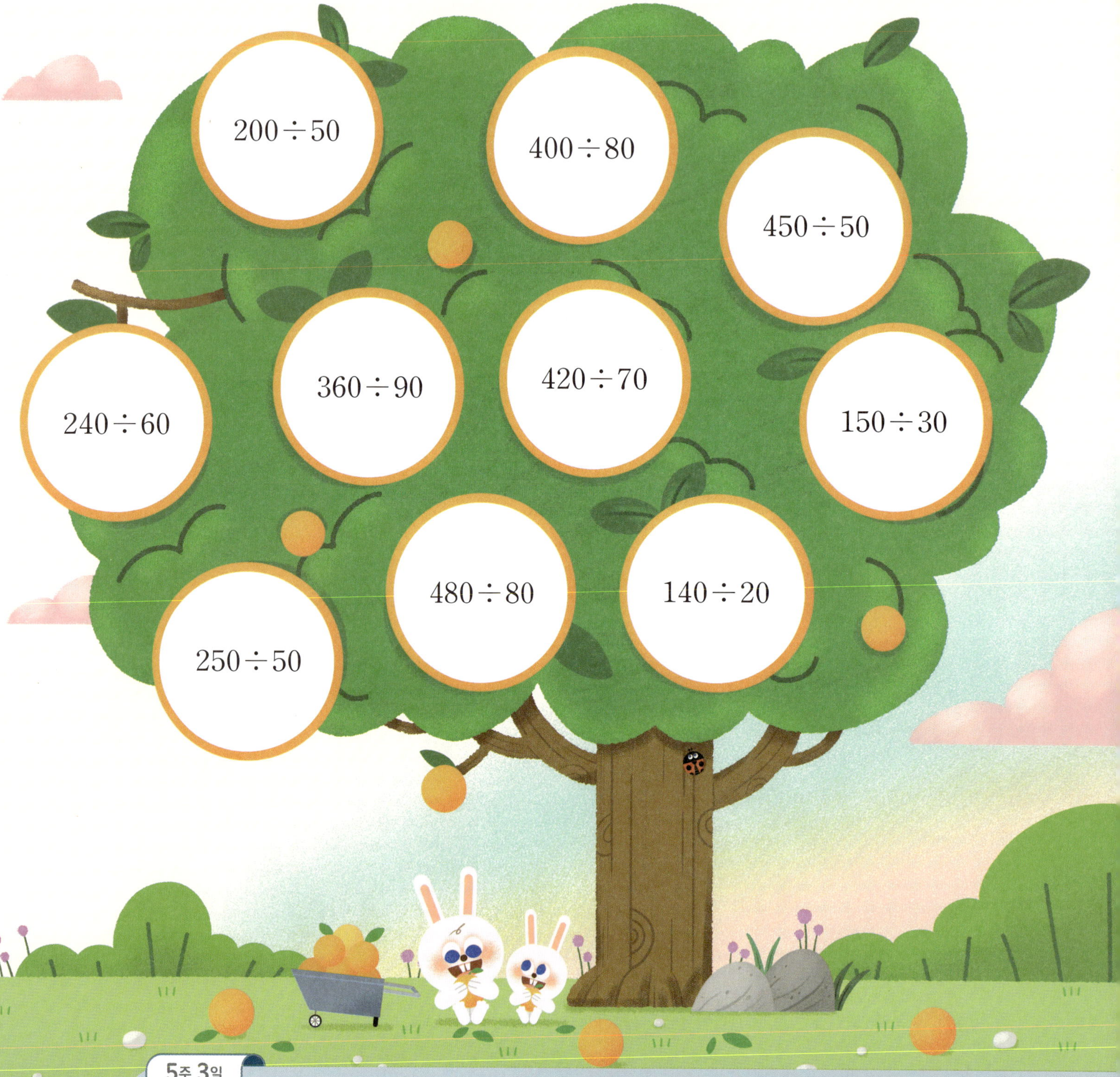

❼ (두 자리 수)÷(몇십) (1)

● 68÷20을 계산해 볼까요?

두 자리 수에 몇십이 몇 번 들어가는지 생각하여 몫과 나머지를 구합니다.

$$20 \times 2 = 40$$
$$20 \times 3 = 60$$
$$20 \times 4 = 80$$

68에 20이 3번 들어갑니다. ➡

$$\begin{array}{r} 3 \\ 2\,0\,)\,6\,8 \\ \underline{6\,0} \\ 8 \end{array}$$

68−60

$$68 \div 20 = 3 \cdots 8 \quad \Rightarrow \quad 몫\ 3 \quad 나머지\ 8$$

1~9 나눗셈을 하세요.

1
$$2\,0\,)\,4\,9$$

4
$$5\,0\,)\,5\,3$$

7
$$3\,0\,)\,9\,4$$

2
$$3\,0\,)\,6\,5$$

5
$$4\,0\,)\,6\,6$$

8
$$2\,0\,)\,7\,8$$

3
$$4\,0\,)\,8\,7$$

6
$$6\,0\,)\,6\,2$$

9
$$9\,0\,)\,9\,1$$

10 $20\overline{)41}$

11 $50\overline{)55}$

12 $20\overline{)64}$

13 $60\overline{)67}$

14 $70\overline{)96}$

15 $40\overline{)86}$

16 $70\overline{)80}$

17 $30\overline{)73}$

18 $40\overline{)97}$

19 $50\overline{)84}$

20 $30\overline{)53}$

21 $20\overline{)98}$

22 $40\overline{)65}$

23 $60\overline{)72}$

24 $30\overline{)99}$

25 $23 \div 20$

26 $63 \div 30$

27 $78 \div 40$

28 $46 \div 30$

29 $85 \div 40$

30 $78 \div 20$

31 $81 \div 50$

32 $45 \rightarrow \boxed{\div 10} \rightarrow \boxed{} \cdots \bigcirc$

33 $51 \rightarrow \boxed{\div 50} \rightarrow \boxed{} \cdots \bigcirc$

34 $92 \rightarrow \boxed{\div 30} \rightarrow \boxed{} \cdots \bigcirc$

35 $82 \rightarrow \boxed{\div 40} \rightarrow \boxed{} \cdots \bigcirc$

36 $76 \rightarrow \boxed{\div 60} \rightarrow \boxed{} \cdots \bigcirc$

37 $94 \rightarrow \boxed{\div 20} \rightarrow \boxed{} \cdots \bigcirc$

빙고 놀이 하기

우진이와 민경이는 빙고 놀이를 하고 있습니다. 빙고 놀이에서 이긴 사람은 누구인가요?

<빙고 놀이 방법>

1. 가로, 세로 5칸인 놀이판에 1부터 25까지의 자연수를 자유롭게 적은 다음 서로 번갈아 가며 수를 말합니다.
2. 자신과 상대방이 말하는 수에 ✖표 합니다.
3. 가로, 세로, ╱, ╲ 중 한 줄에 있는 5개의 수에 모두 ✖표 한 경우 '빙고'를 외칩니다.
4. 먼저 '빙고'를 외치는 사람이 이깁니다.

우진

민경

우진이의 놀이판

6	20	8	✖	21
✖	✖	14	3	✖
13	17	1	✖	✖
11	9	22	10	24
4	23	7	✖	5

민경이의 놀이판

✖	9	3	17	22
7	✖	✖	10	1
23	✖	21	24	✖
6	✖	8	13	4
✖	14	20	5	11

❽ (두 자리 수) ÷ (몇십) ⑵

● 97 ÷ 30을 계산해 볼까요?

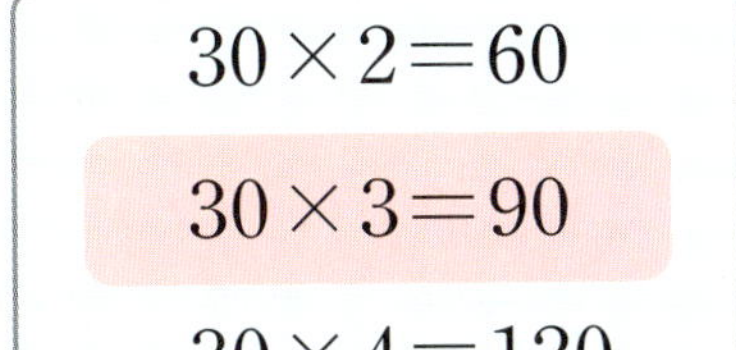

$$30 \times 2 = 60$$
$$30 \times 3 = 90$$
$$30 \times 4 = 120$$

97에 30이
3번 들어갑니다.

```
      3
3 0 ) 9 7
      9 0
        7
```

97 − 90

$$97 \div 30 = 3 \cdots 7 \implies 몫\ 3 \quad 나머지\ 7$$

1~9 나눗셈을 하세요.

1
```
2 0 ) 6 1
```

4
```
7 0 ) 7 3
```

7
```
5 0 ) 7 2
```

2
```
4 0 ) 8 9
```

5
```
3 0 ) 6 8
```

8
```
2 0 ) 5 1
```

3
```
3 0 ) 5 7
```

6
```
4 0 ) 5 4
```

9
```
5 0 ) 8 5
```

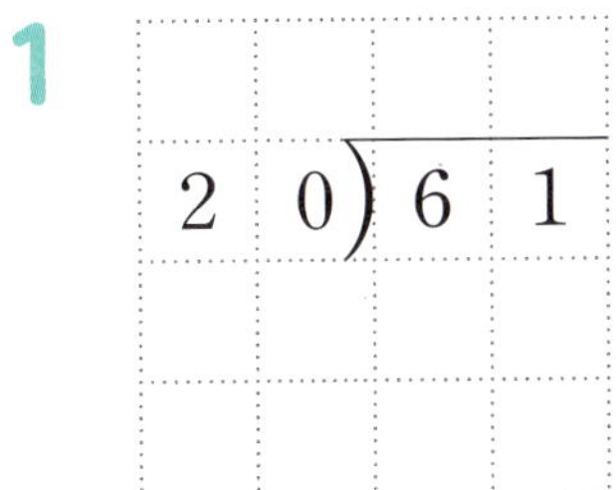
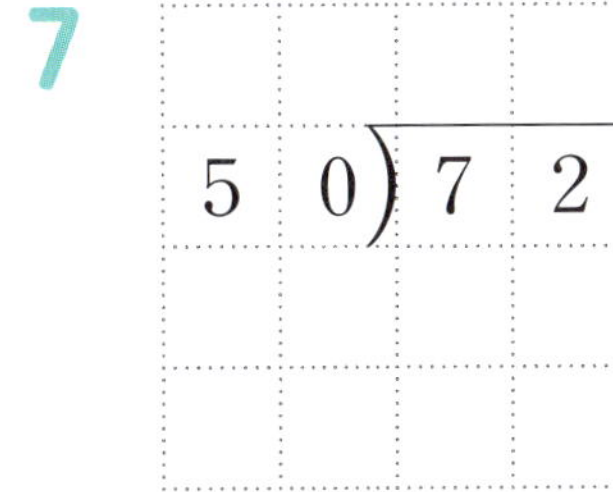
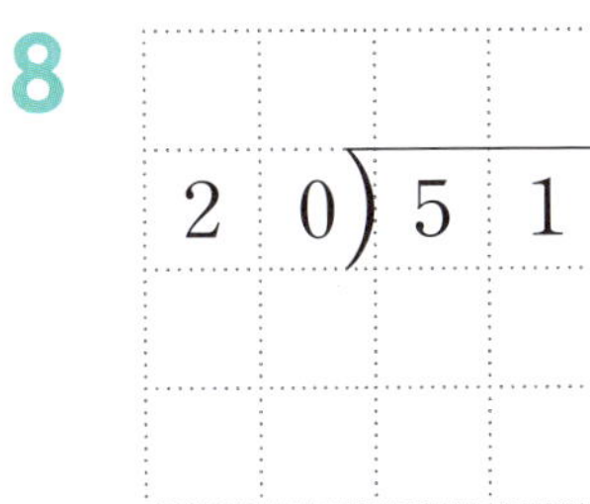
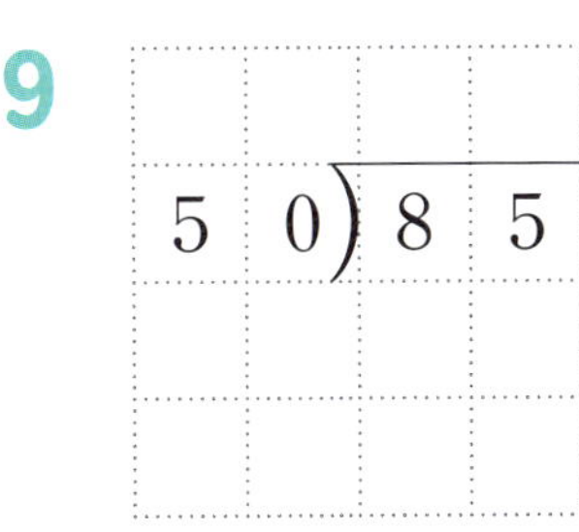

10

$$2\,0\,)\overline{4\,7}$$

11

$$3\,0\,)\overline{3\,5}$$

12

$$4\,0\,)\overline{4\,8}$$

13

$$6\,0\,)\overline{8\,3}$$

14

$$7\,0\,)\overline{9\,1}$$

15

$$3\,0\,)\overline{8\,6}$$

16

$$8\,0\,)\overline{9\,4}$$

17

$$2\,0\,)\overline{6\,3}$$

18

$$5\,0\,)\overline{7\,7}$$

19

$$4\,0\,)\overline{9\,5}$$

20 $29 \div 20$

21 $67 \div 40$

22 $74 \div 30$

23 $66 \div 60$

24 $96 \div 20$

25 $89 \div 80$

26 $88 \div 50$

 큰 수를 작은 수로 나눈 몫과 나머지를 구하세요.

 몫은 ☐ 안에, 나머지는 ◯ 안에 써넣으세요.

27 

➡ 몫: ☐ , 나머지: ☐

28  

➡ 몫: ☐ , 나머지: ☐

29  

➡ 몫: ☐ , 나머지: ☐

30  

➡ 몫: ☐ , 나머지: ☐

31 ÷ →

64	30		◯
86	60		◯

32 ÷ →

83	20		◯
57	50		◯

33 ÷ →

75	70		◯
92	40		◯

사과 74개를 한 봉지에 10개씩 나누어 담으려고 합니다. 사과는 모두 몇 봉지에 담을 수 있고, 남는 사과는 몇 개인가요?

전체 사과 수: ☐ 개, 한 봉지에 담는 사과 수: ☐ 개

(전체 사과 수)÷(한 봉지에 담는 사과 수)

= ☐ ÷ ☐ = ☐ ⋯ ☐

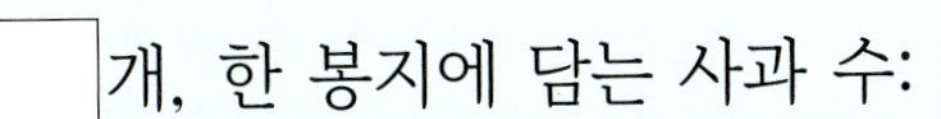

답 ☐ 봉지, ☐ 개

풍선 맞히기

유나와 서준이는 풍선을 각각 2개씩 맞혔습니다. 맞힌 풍선과 같은 색깔의 풍선에 적힌 수를 아래에서 찾아 큰 수를 작은 수로 나눈 몫을 구하려고 합니다. 몫이 더 큰 친구의 이름을 쓰세요.

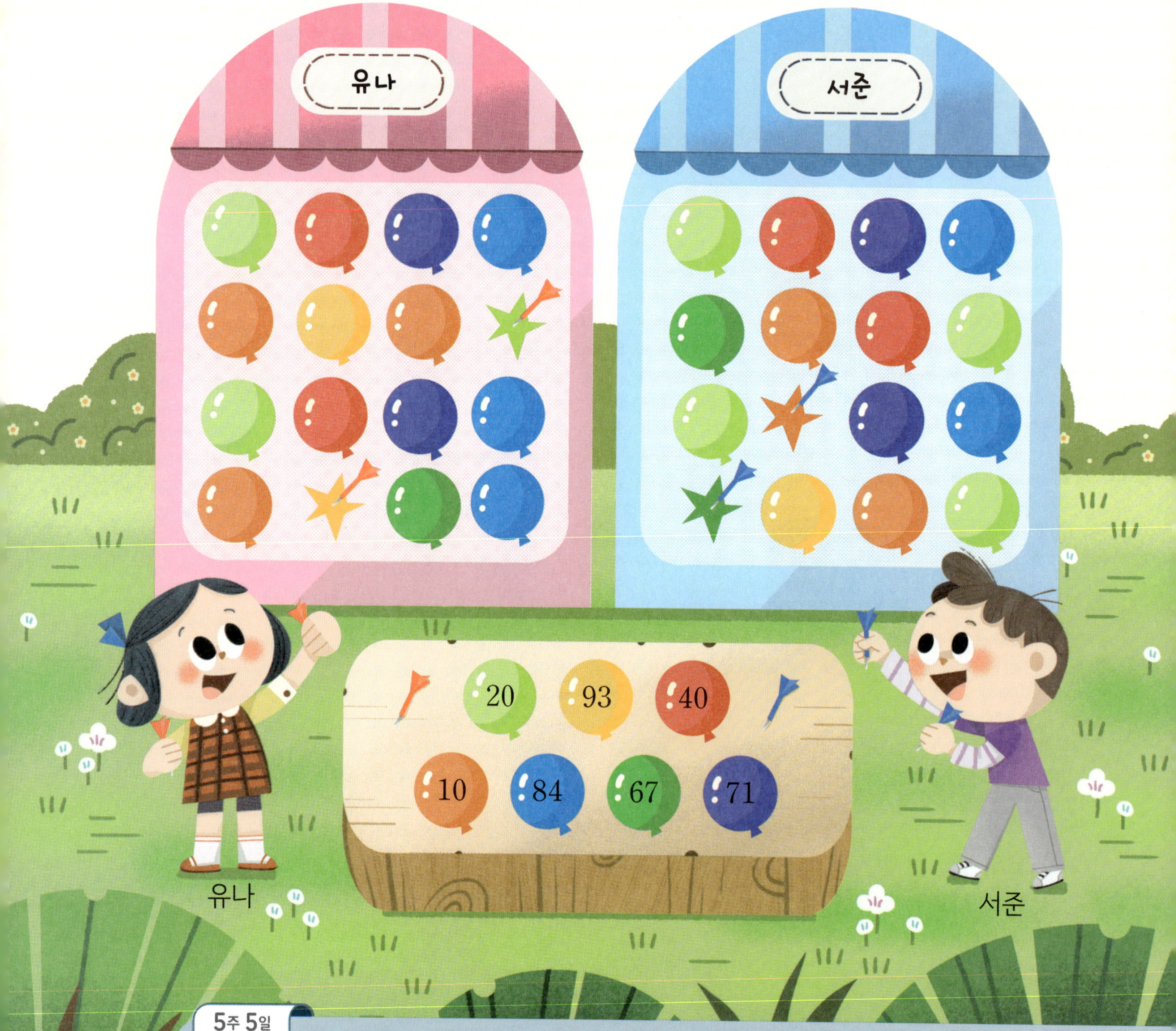

 교과서 곱셈과 나눗셈

❾ (세 자리 수)÷(몇십)(1)

● 145÷20을 계산해 볼까요?

세 자리 수에 몇십이 몇 번 들어가는지 생각하여 몫과 나머지를 구합니다.

$20 \times 6 = 120$
$20 \times 7 = 140$
$20 \times 8 = 160$

$$\begin{array}{r} 7 \\ 20\overline{)145} \\ 140 \\ \hline 5 \end{array}$$

145−140

$$145 \div 20 = 7 \cdots 5 \;\Rightarrow\; \text{몫 } 7 \quad \text{나머지 } 5$$

1~9 나눗셈을 하세요.

1　　$20\overline{)137}$

4　　$20\overline{)183}$

7　　$50\overline{)361}$

2　　$30\overline{)156}$

5　　$60\overline{)259}$

8　　$70\overline{)584}$

3　　$40\overline{)205}$

6　　$30\overline{)278}$

9　　$90\overline{)402}$

10~31 나눗셈을 하세요.

10 20)1 2 9

11 30)1 8 4

12 50)2 0 7

13 40)2 8 3

14 70)3 5 6

15 30)2 2 4

16 20)1 9 5

17 60)4 3 8

18 50)4 1 2

19 80)5 0 1

20 40)3 8 9

21 80)6 4 6

22 70)1 1 6

23 60)3 3 5

24 90)8 3 4

25 $167 \div 20$

26 $224 \div 40$

27 $144 \div 30$

28 $332 \div 50$

29 $288 \div 90$

30 $495 \div 60$

31 $673 \div 70$

32
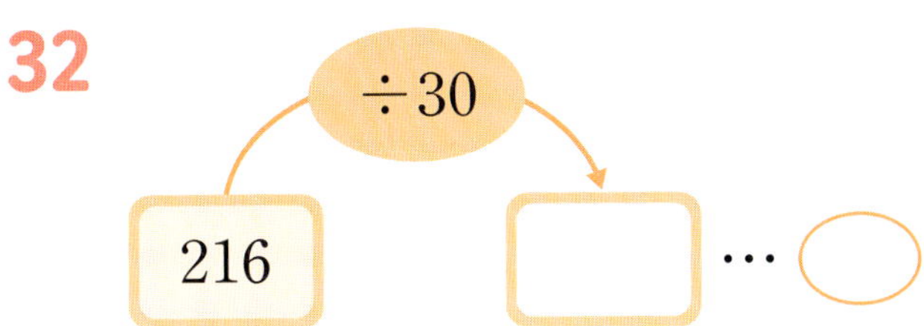

33
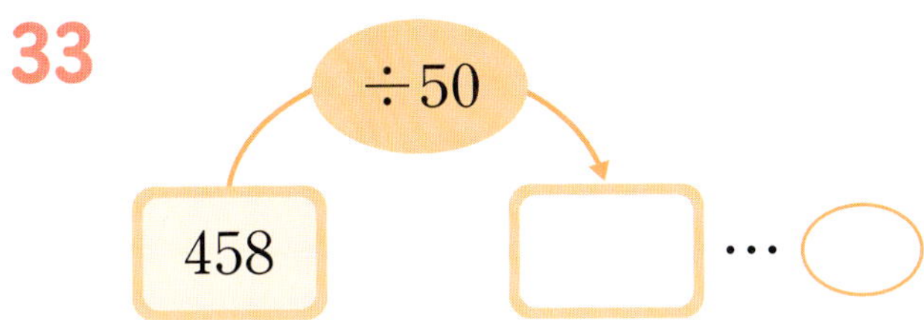

34
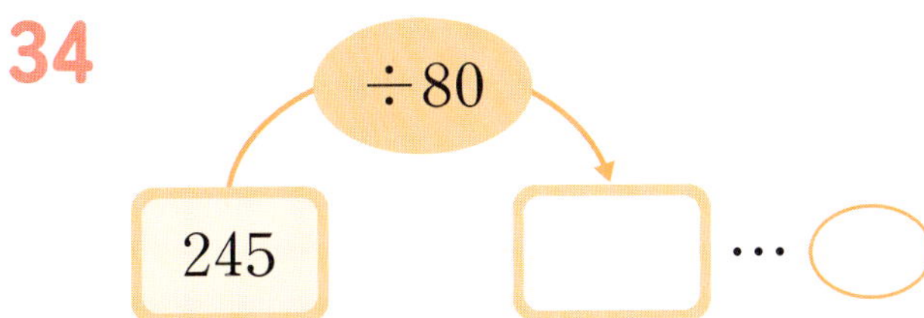

35
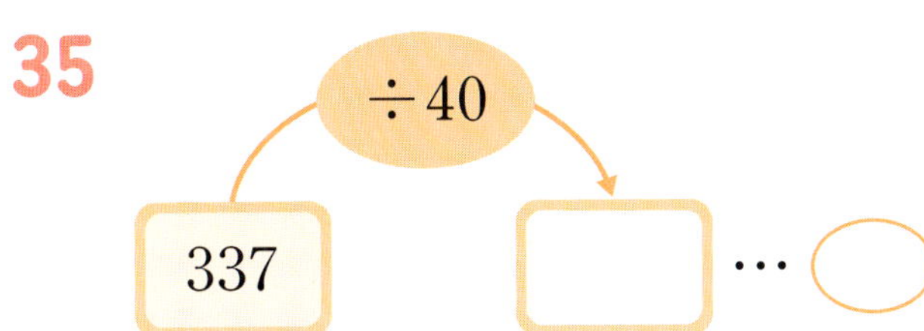

36
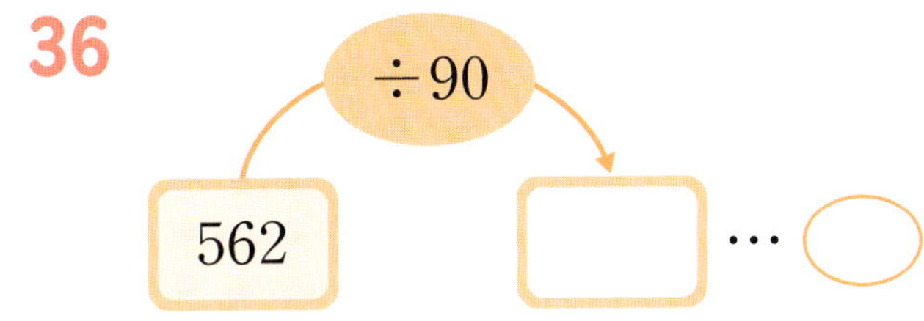

길 찾기

준수네 가족은 할머니 댁에 가려고 합니다. 갈림길 문제의 답을 따라가면 할머니께서 마중 나오신 기차역에 도착할 수 있습니다. 올바른 길을 따라가며 선으로 이으세요.

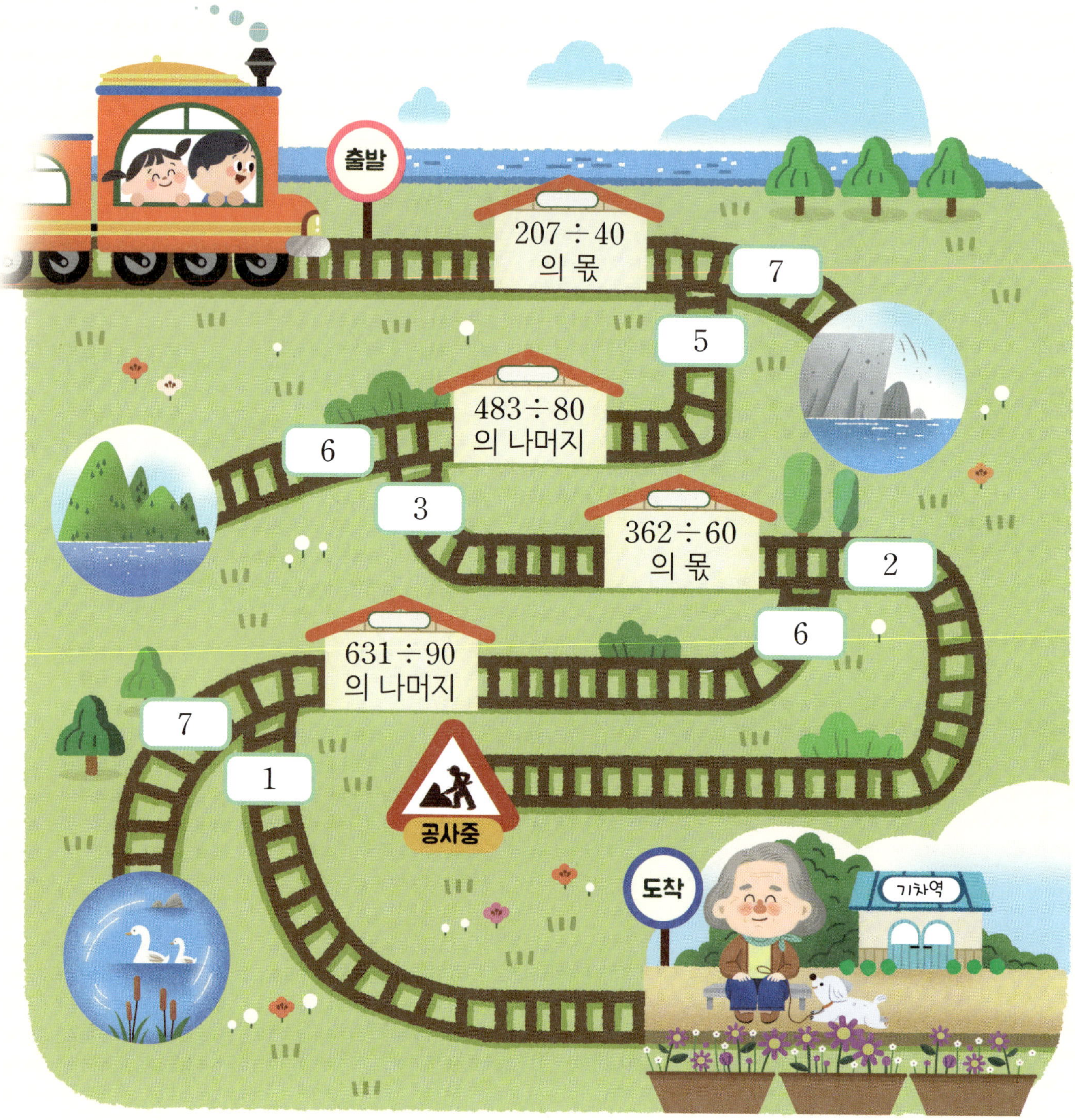

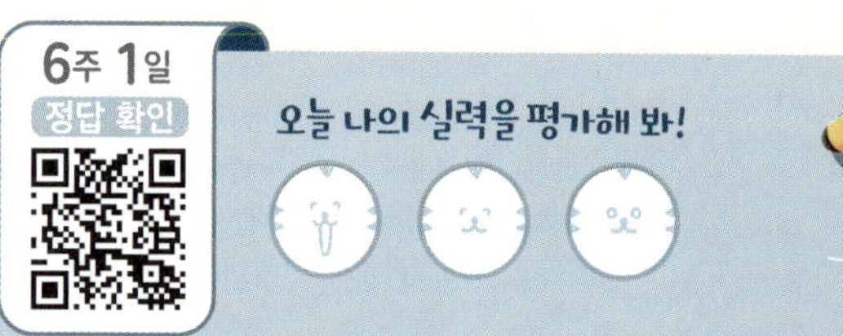

공부한 날 ___월 ___일

6주 2일

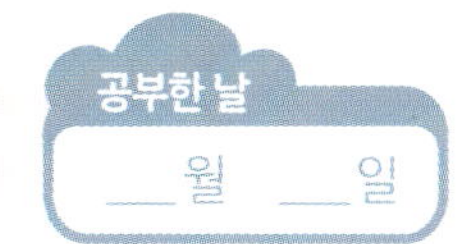

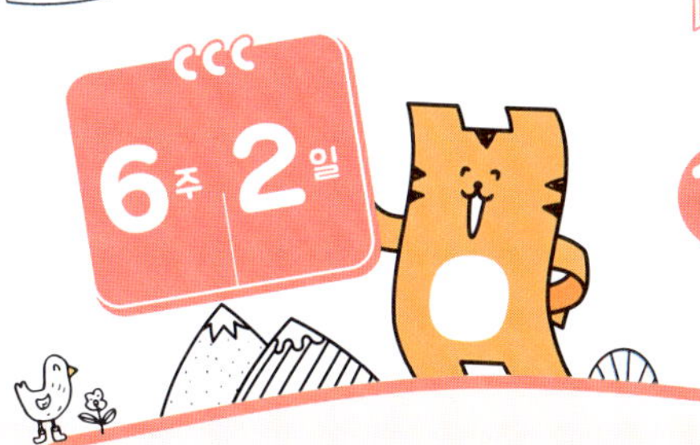

⑩ (세 자리 수)÷(몇십)(2)

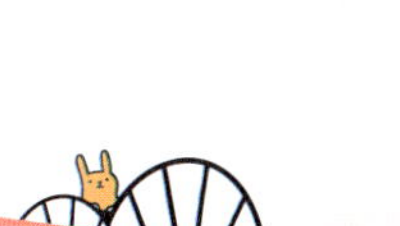

● 169÷30을 계산해 볼까요?

30×4=120
30×5=150
30×6=180

169에 30이 5번 들어갑니다.

$$\begin{array}{r} 5 \\ 30\overline{)169} \\ 150 \\ \hline 19 \end{array}$$

169−150

30과 몫의 곱이 169보다 크지 않으면서 가장 가까운 수를 찾아야 해.

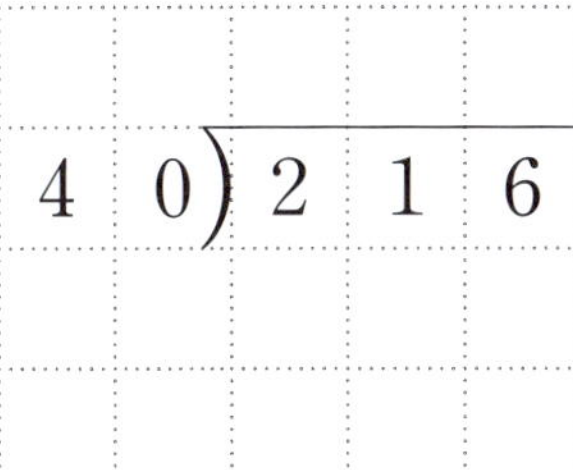

169÷30=5…19 ➡ 몫 5 나머지 19

1~9 나눗셈을 하세요.

1 $20\overline{)148}$

2 $30\overline{)247}$

3 $50\overline{)255}$

4 $40\overline{)161}$

5 $20\overline{)194}$

6 $60\overline{)283}$

7 $30\overline{)207}$

8 $40\overline{)216}$

9 $80\overline{)679}$

10
$$30\overline{)127}$$

11
$$20\overline{)175}$$

12
$$40\overline{)303}$$

13
$$50\overline{)228}$$

14
$$70\overline{)436}$$

15
$$40\overline{)345}$$

16
$$30\overline{)293}$$

17
$$80\overline{)337}$$

18
$$60\overline{)512}$$

19
$$90\overline{)654}$$

20 $124 \div 20$

21 $416 \div 50$

22 $143 \div 40$

23 $232 \div 30$

24 $368 \div 60$

25 $631 \div 70$

26 $587 \div 80$

27 

➡ 몫: ☐ , 나머지: ☐

28 

➡ 몫: ☐ , 나머지: ☐

29

➡ 몫: ☐ , 나머지: ☐

30 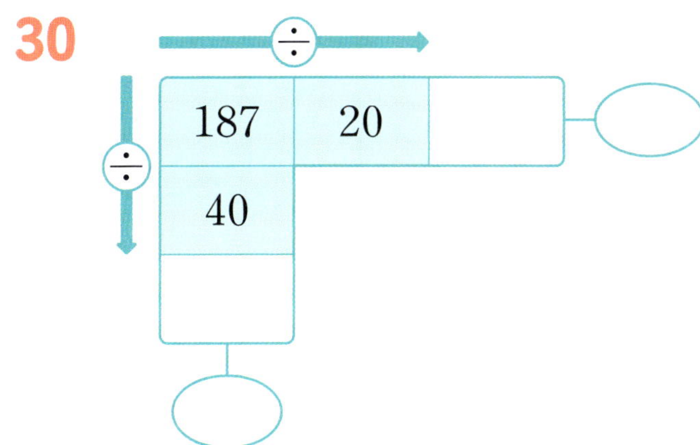

31 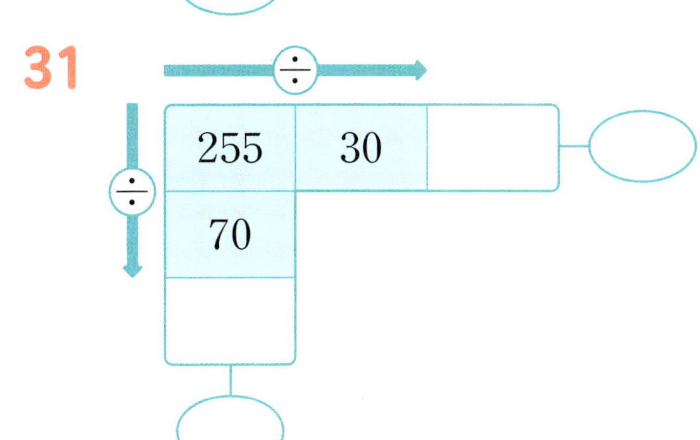

32 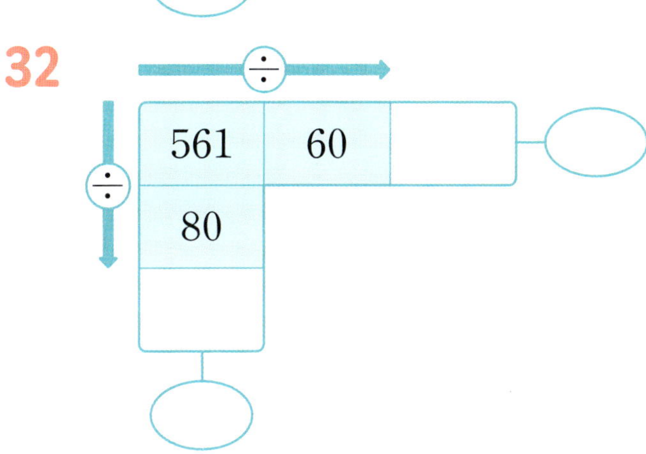

달걀 284개를 한 판에 30개씩 담아 포장하려고 합니다. 포장한 달걀은 모두 몇 판이 되고, 남는 달걀은 몇 개인가요?

전체 달걀 수: ☐ 개, 한 판에 담는 달걀 수: ☐ 개

(전체 달걀 수)÷(한 판에 담는 달걀 수)

= ☐ ÷ ☐ = ☐ ⋯ ☐   답 ☐ 판, ☐ 개

간식 찾기

엄마 캥거루는 계산 결과가 바르게 적힌 간식만 주머니에 담아 아기 캥거루에게 가려고 합니다. 엄마 캥거루가 주머니에 담을 수 있는 간식을 모두 찾아 ○표 하세요.

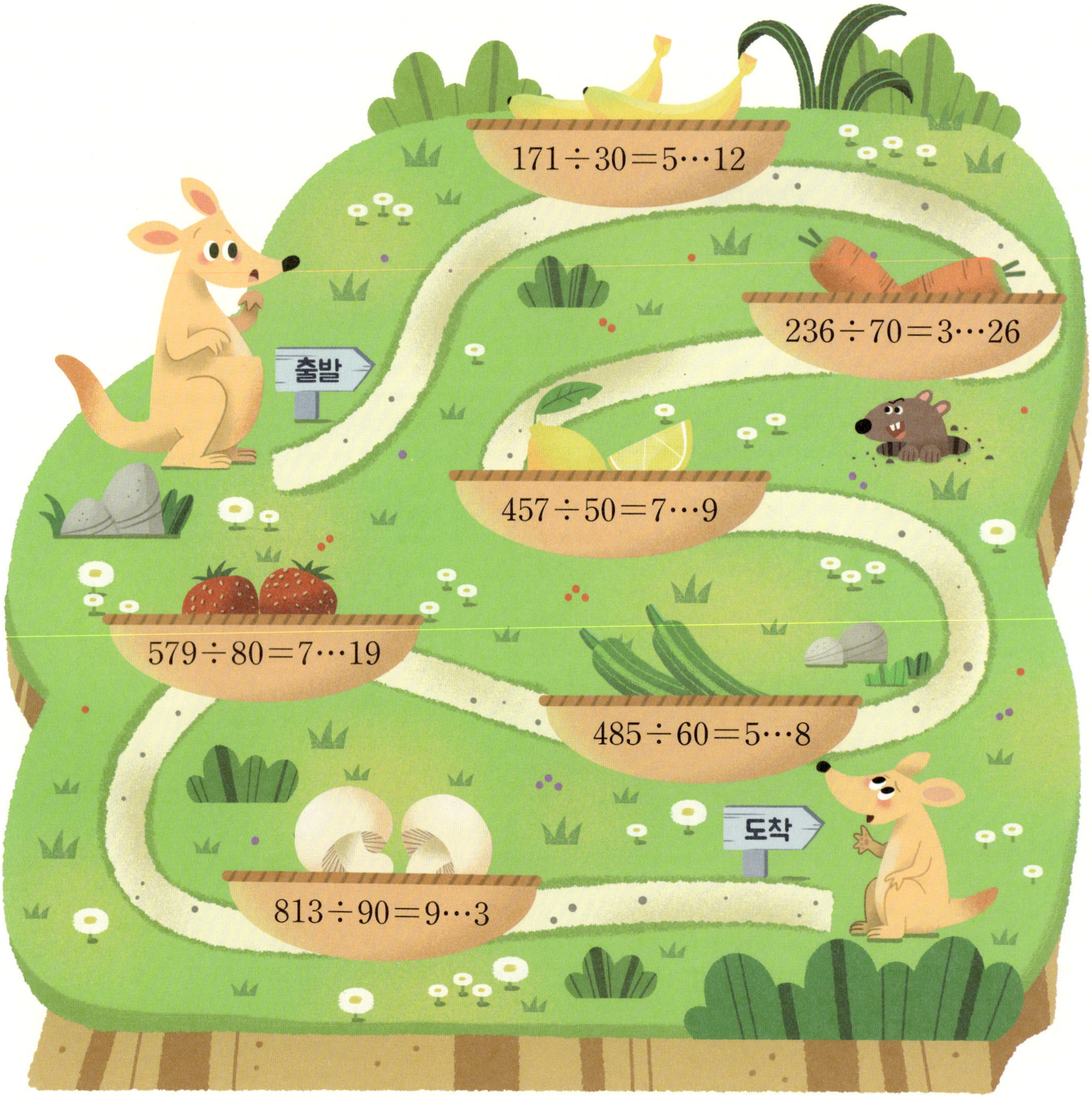

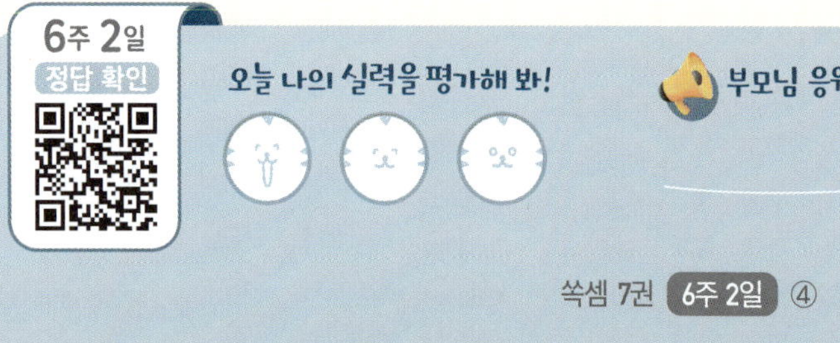

⑪ 나머지가 없는 (두 자리 수)÷(몇십몇)⑴

● 36÷12를 계산해 볼까요?

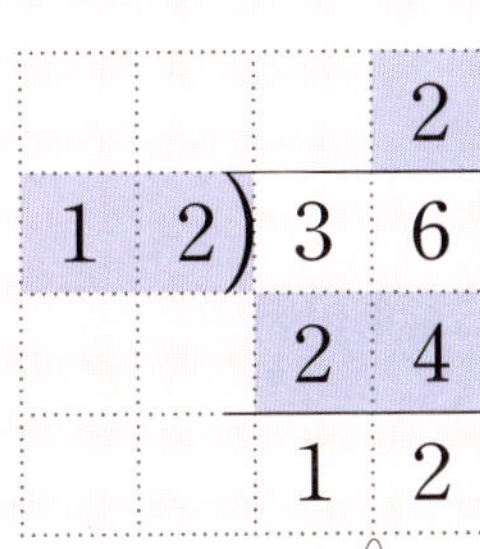

몫을 1만큼 더 크게 합니다. ➡

몫을 1만큼 더 작게 합니다. ⬅

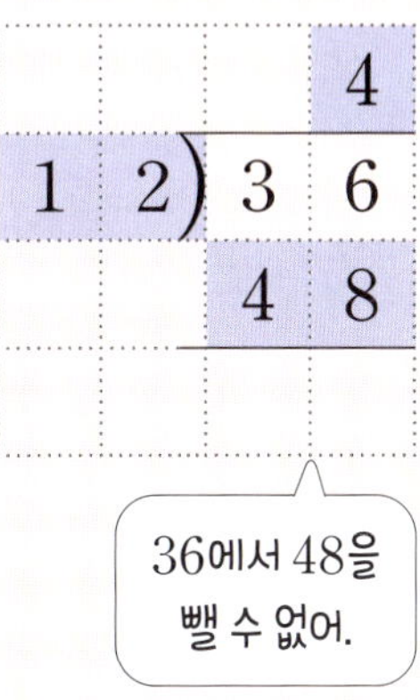

```
      2
1 2 ) 3 6
      2 4
      1 2
```

```
        3
1 2 ) 3 6
      3 6
        0
```

```
        4
1 2 ) 3 6
      4 8
```


$$36 \div 12 = 3 \;\Rightarrow\; \text{몫 } 3 \quad \text{나머지 } 0$$

1~6 나눗셈을 하세요.

1
```
1 5 ) 3 0
```

2
```
2 3 ) 6 9
```

3
```
3 5 ) 7 0
```

4
```
2 1 ) 8 4
```

5
```
1 4 ) 5 6
```

6
```
3 2 ) 9 6
```

7

$11\overline{)33}$

8

$23\overline{)46}$

9

$16\overline{)32}$

10

$43\overline{)86}$

11

$26\overline{)78}$

12

$33\overline{)66}$

13

$12\overline{)48}$

14

$36\overline{)72}$

15

$19\overline{)57}$

16

$32\overline{)64}$

17

$18\overline{)90}$

18

$34\overline{)68}$

19

$12\overline{)84}$

20

$11\overline{)88}$

21

$48\overline{)96}$

22 $36 \div 18$

23 $42 \div 14$

24 $99 \div 11$

25 $60 \div 12$

26 $52 \div 13$

27 $68 \div 17$

28 $88 \div 44$

29 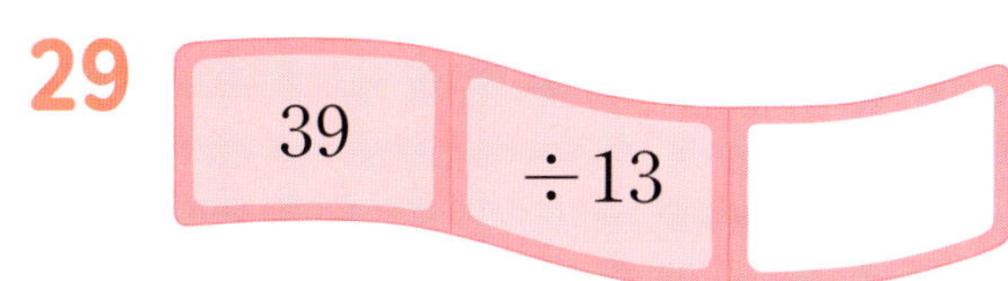

30 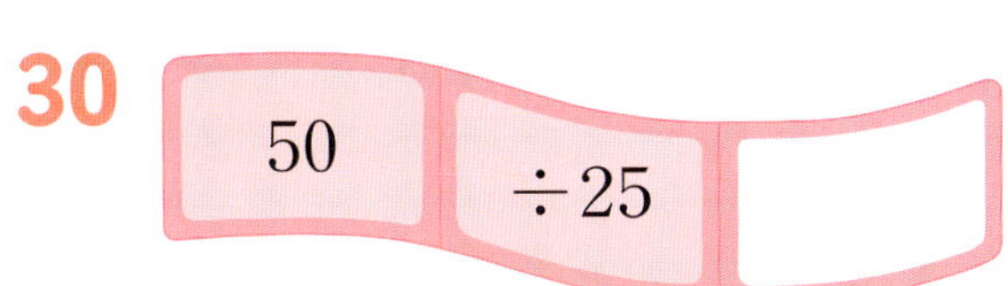

31 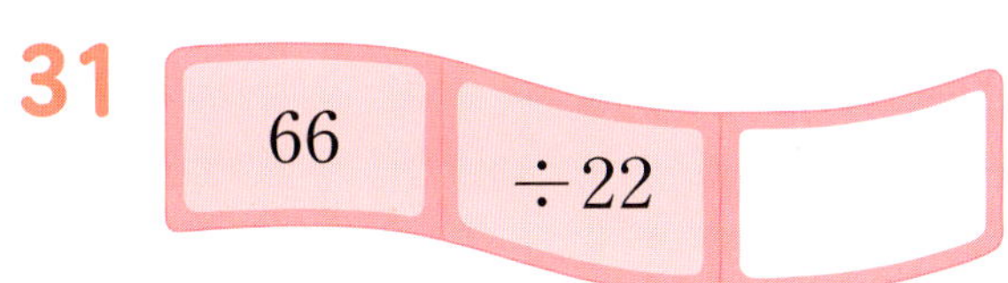

32 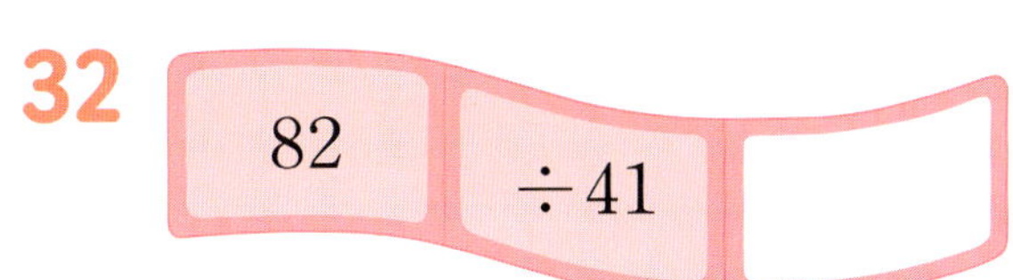

33 

34 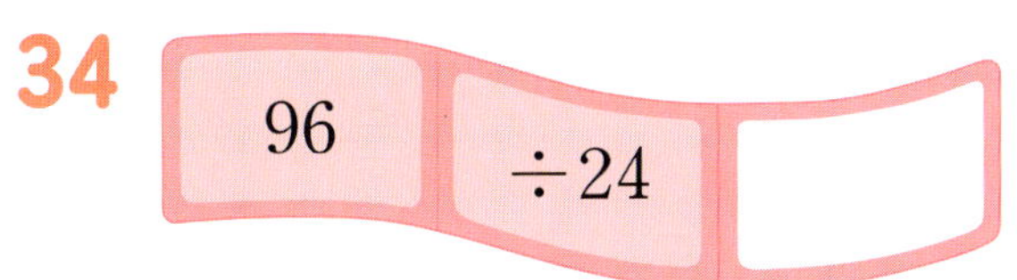

병원 찾기

태우는 병원에 가려고 합니다. 갈림길 문제의 계산 결과를 따라가면 병원에 도착할 수 있습니다. 길을 올바르게 따라가 태우가 도착하는 병원에 ○표 하세요.

📖 교과서 곱셈과 나눗셈

⑫ 나머지가 없는 (두 자리 수)÷(몇십몇)⑵

● $75 \div 15$를 계산해 볼까요?

$$15 \times 4 = 60$$
$$15 \times 5 = 75$$
$$15 \times 6 = 90$$

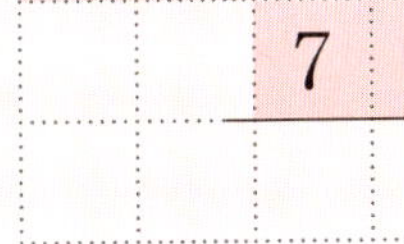

$$75 \div 15 = 5 \ \Rightarrow \ 몫\ 5 \quad 나머지\ 0$$

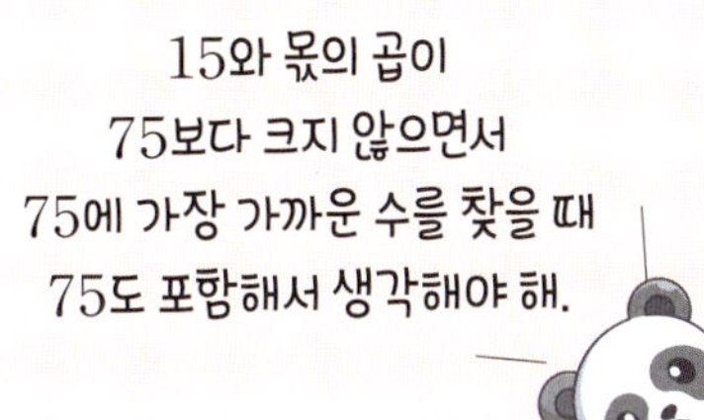

1~9 나눗셈을 하세요.

1 $54 \div 27$

4 $84 \div 42$

7 $51 \div 17$

2 $64 \div 16$

5 $99 \div 33$

8 $90 \div 45$

3 $52 \div 26$

6 $81 \div 27$

9 $98 \div 14$

10 15)60

15 16)48

20 62÷31

11 18)54

16 14)84

21 44÷22

22 78÷39

12 37)74

17 49)98

23 96÷12

13 19)95

18 29)87

24 70÷14

14 24)72

19 15)90

25 84÷28

26 92÷46

 빈칸에 큰 수를 작은 수로 나눈
몫을 써넣으세요.

 빈칸에 알맞은 수를 써넣으세요.

27

75	25

31

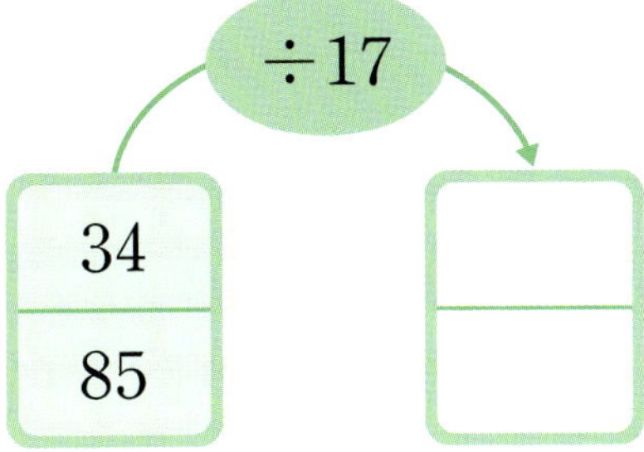

28

16	80

32

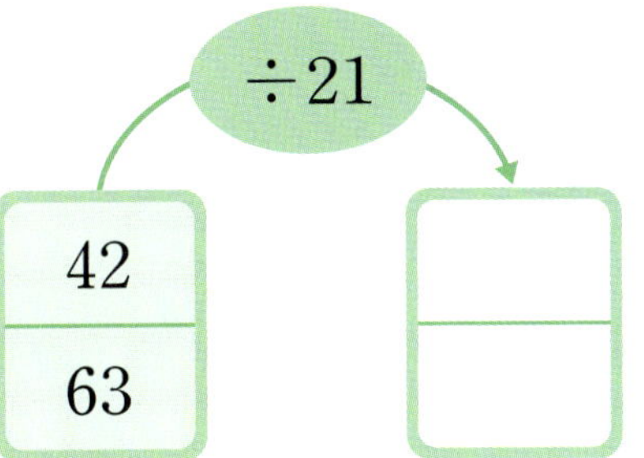

29

94	47

33

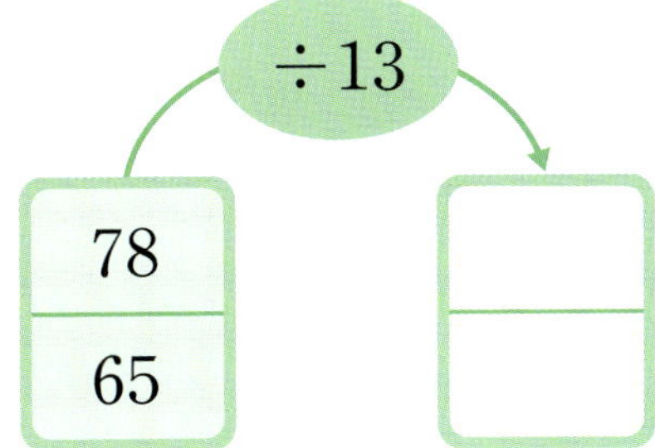

30

18	72

학교 운동장에 학생 96명이 있습니다. 한 줄에 16명씩 줄을 서면 몇 줄이 되나요?

전체 학생 수: ☐ 명, 한 줄에 서는 학생 수: ☐ 명

(학생들이 선 줄 수)=(전체 학생 수)÷(한 줄에 서는 학생 수)

= ☐ ÷ ☐ = ☐ (줄)

 답 ☐ 줄

도둑 찾기

어느 날 한 백화점에 도둑이 들어 옷을 훔쳐 갔습니다. 사건 단서 ①, ②, ③의 계산 결과에 해당하는 글자를 사건 단서 해독표 에서 찾아 차례로 쓰면 도둑의 이름을 알 수 있습니다. 명탐정과 함께 주어진 사건 단서를 가지고 도둑의 이름을 알아보세요.

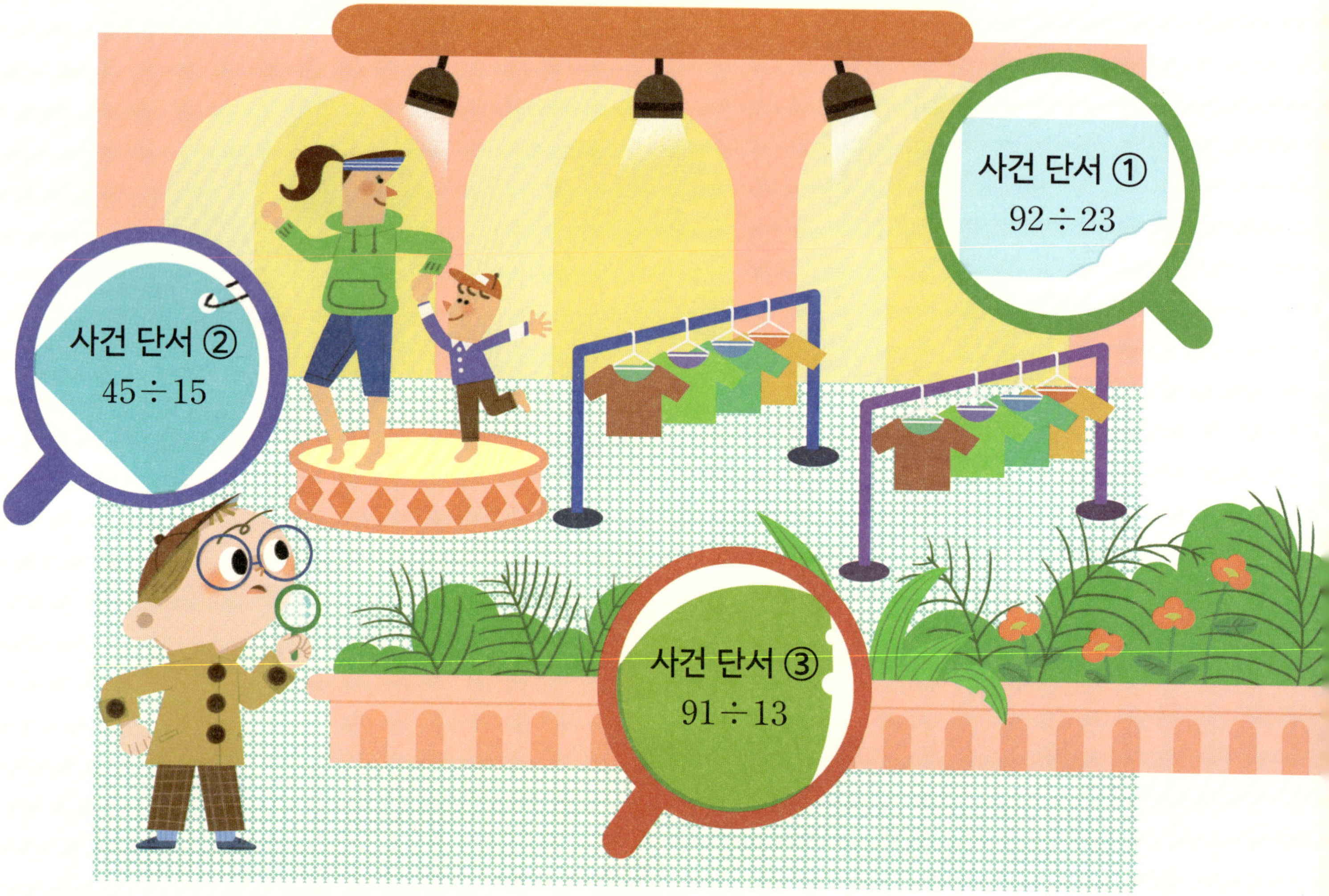

사건 단서 해독표

1	김	4	채	7	화
2	비	5	슬	8	민
3	송	6	희	9	이

도둑의 이름은 　①　②　③　 입니다.

 교과서 곱셈과 나눗셈

⑬ 나머지가 있는 (두 자리 수)÷(몇십몇) (1)

● $45 \div 13$을 계산해 볼까요?

몫을 1만큼 더 크게 합니다. ➡

몫을 1만큼 더 작게 합니다. ⬅

```
        2                    3                      4
   1 3 ) 4 5           1 3 ) 4 5             1 3 ) 4 5
        2 6                  3 9                    5 2
        1 9                    6
```

나머지가 13보다 크므로 더 나눌 수 있어.

45에서 52를 뺄 수 없어.

$$45 \div 13 = 3 \cdots 6 \quad \Rightarrow \quad \text{몫} \ 3 \quad \text{나머지} \ 6$$

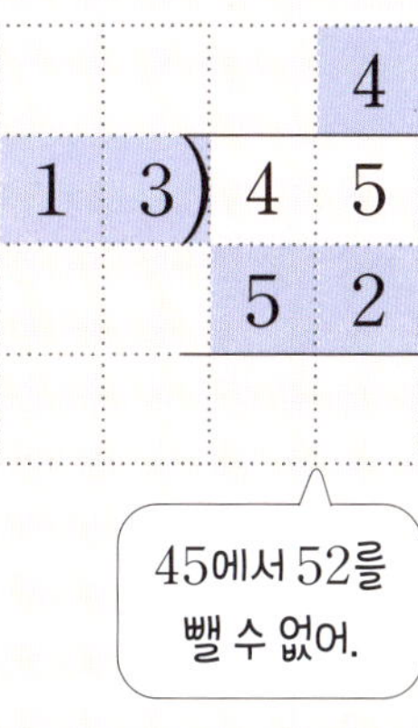

1~6 나눗셈을 하세요.

1
```
1 2 ) 1 5
```

2
```
1 6 ) 3 4
```

3
```
2 1 ) 4 8
```

4
```
1 4 ) 5 2
```

5
```
3 5 ) 7 9
```

6
```
2 4 ) 6 3
```

7~28 나눗셈을 하세요.

7
$$14 \overline{)18}$$

8
$$22 \overline{)45}$$

9
$$13 \overline{)54}$$

10
$$36 \overline{)76}$$

11
$$48 \overline{)62}$$

12
$$15 \overline{)33}$$

13
$$31 \overline{)69}$$

14
$$29 \overline{)67}$$

15
$$45 \overline{)95}$$

16
$$27 \overline{)65}$$

17
$$24 \overline{)56}$$

18
$$17 \overline{)61}$$

19
$$32 \overline{)76}$$

20
$$18 \overline{)89}$$

21
$$69 \overline{)95}$$

22 $31 \div 11$

23 $55 \div 16$

24 $49 \div 37$

25 $87 \div 42$

26 $64 \div 25$

27 $71 \div 14$

28 $98 \div 24$

29 ÷
| 27 | 12 | | ◯ |

30 ÷
| 53 | 45 | | ◯ |

31 ÷
| 49 | 13 | | ◯ |

32 ÷
| 72 | 21 | | ◯ |

33 ÷
| 62 | 15 | | ◯ |

34 ÷
| 85 | 36 | | ◯ |

배 찾기

섬에 있는 보물을 몫과 나머지가 같은 나눗셈이 적힌 배에 실으려고 합니다. 보물을 실을 수 있는 배를 찾아 ○표 하세요.

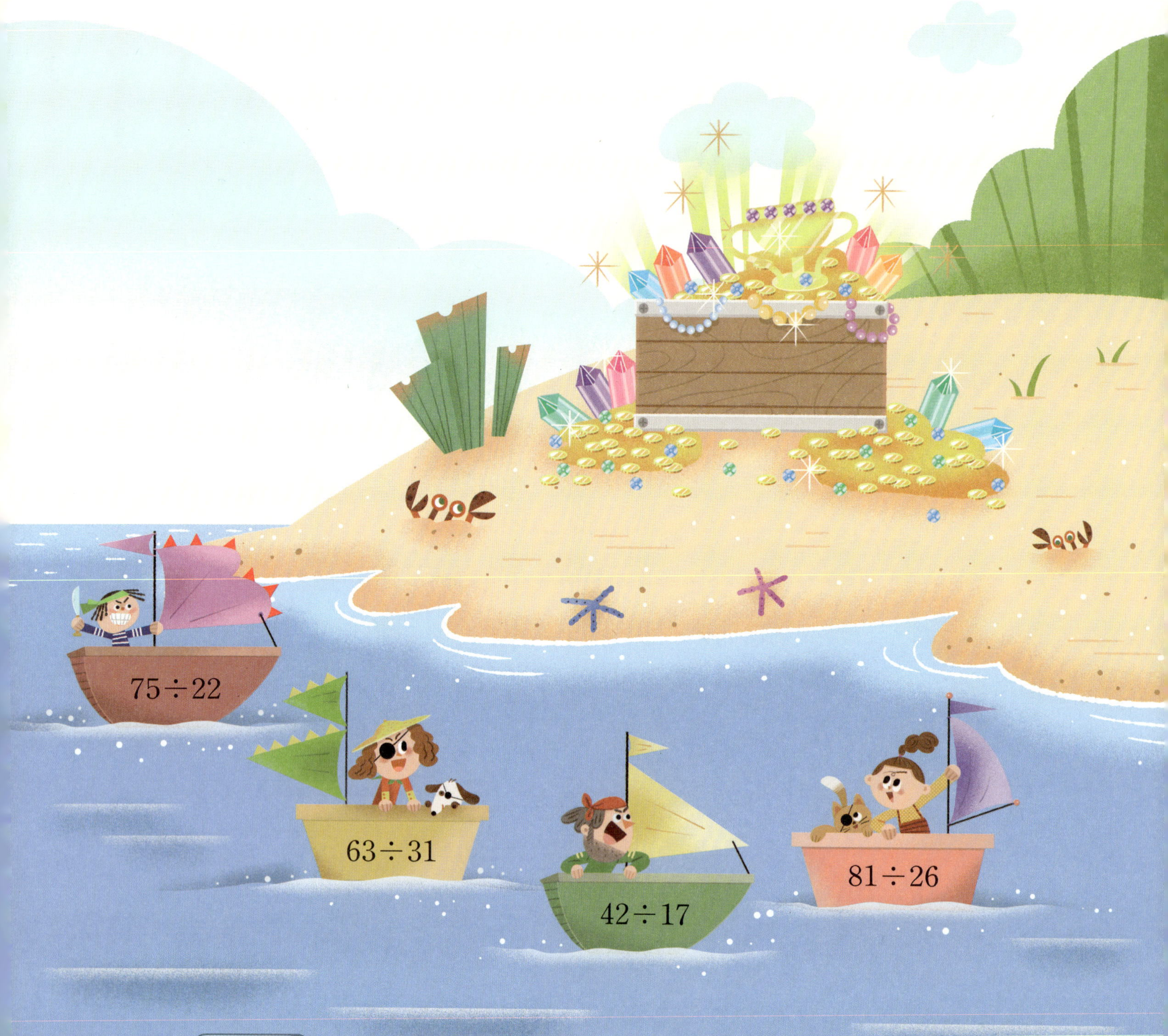

⑭ 나머지가 있는 (두 자리 수)÷(몇십몇)(2)

● 84÷24를 계산해 볼까요?

$$24 \times 2 = 48$$
$$24 \times 3 = 72$$
$$24 \times 4 = 96$$

```
        3
2 4 ) 8 4
      7 2
      1 2
```

$$84 \div 24 = 3 \cdots 12 \implies 몫\ 3 \quad 나머지\ 12$$

1~9 나눗셈을 하세요.

1
```
1 3 ) 2 8
```

2
```
1 6 ) 5 3
```

3
```
2 8 ) 6 4
```

4
```
1 8 ) 6 3
```

5
```
4 6 ) 5 3
```

6
```
3 5 ) 7 4
```

7
```
2 3 ) 7 9
```

8
```
1 5 ) 7 3
```

9
```
4 1 ) 8 7
```

10
$$2\,6\,)\overline{3\,2}$$

11
$$1\,3\,)\overline{5\,5}$$

12
$$2\,2\,)\overline{4\,8}$$

13
$$3\,5\,)\overline{7\,9}$$

14
$$1\,6\,)\overline{8\,2}$$

15
$$1\,8\,)\overline{4\,1}$$

16
$$3\,9\,)\overline{8\,1}$$

17
$$5\,7\,)\overline{6\,9}$$

18
$$2\,8\,)\overline{7\,6}$$

19
$$1\,4\,)\overline{9\,4}$$

20 $33 \div 12$

21 $84 \div 25$

22 $98 \div 31$

23 $46 \div 17$

24 $85 \div 42$

25 $71 \div 48$

26 $68 \div 24$

 큰 수를 작은 수로 나눈 몫과 나머지를 구하세요.

27

54   12

➡ 몫: ☐ , 나머지: ☐

28

38   79

➡ 몫: ☐ , 나머지: ☐

29

82   23

➡ 몫: ☐ , 나머지: ☐

 몫은 ☐ 안에, 나머지는 ◯ 안에 써넣으세요.

30

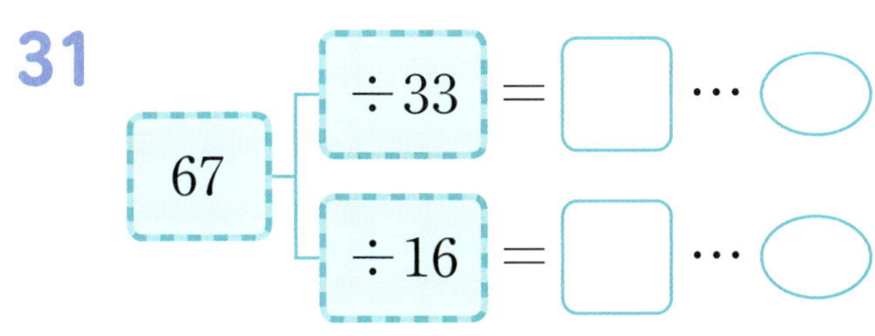

$$49 \begin{cases} \div 14 = \Box \cdots \bigcirc \\ \div 21 = \Box \cdots \bigcirc \end{cases}$$

31

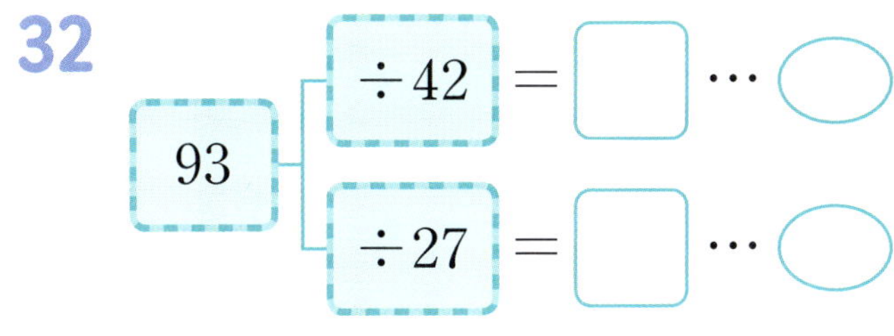

$$67 \begin{cases} \div 33 = \Box \cdots \bigcirc \\ \div 16 = \Box \cdots \bigcirc \end{cases}$$

32

$$93 \begin{cases} \div 42 = \Box \cdots \bigcirc \\ \div 27 = \Box \cdots \bigcirc \end{cases}$$

준수가 92쪽짜리 과학책을 하루에 16쪽씩 읽으려고 합니다. 과학책을 모두 읽으려면 16쪽씩 며칠 동안 읽고, 마지막 날에는 몇 쪽을 읽어야 하나요?

전체 과학책 쪽수: ☐ 쪽, 하루에 읽는 과학책 쪽수: ☐ 쪽

(전체 과학책 쪽수) ÷ (하루에 읽는 과학책 쪽수)

= ☐ ÷ ☐ = ☐ ⋯ ☐   답 ☐ 일, ☐ 쪽

꽃다발 만들기

희주는 빨간색 장미를 12송이씩, 노란색 장미를 14송이씩, 파란색 장미를 17송이씩 묶어 친구들에게 꽃다발을 만들어 주려고 합니다. 친구들에게 줄 꽃다발을 만들고 남은 꽃을 모아 만든 꽃다발을 아래에서 찾아 ○표 하세요.

7주 2일 ⑮ 몫이 한 자리 수이고 나머지가 없는 (세 자리 수)÷(몇십몇)(1)

● 128÷16을 계산해 볼까요?

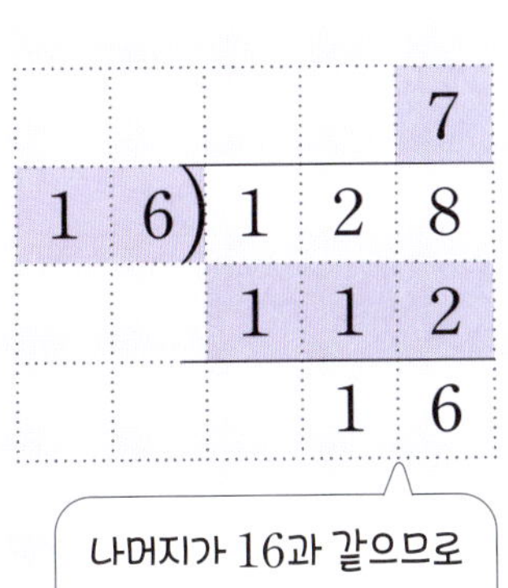

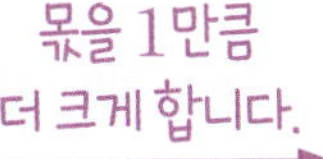

$$128 \div 16 = 8 \quad \Rightarrow \quad 몫\ 8 \quad 나머지\ 0$$

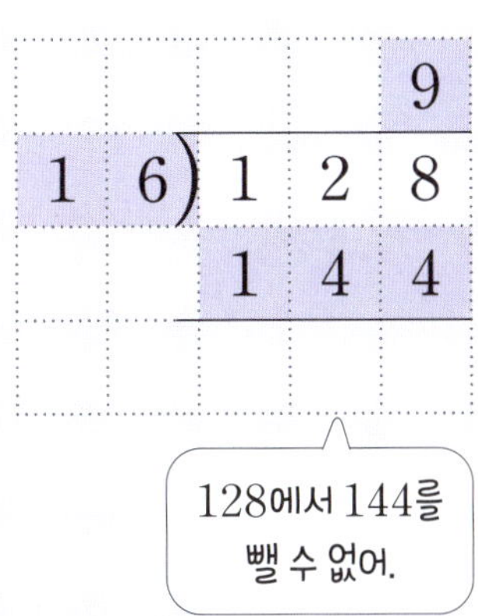

1~6 나눗셈을 하세요.

1

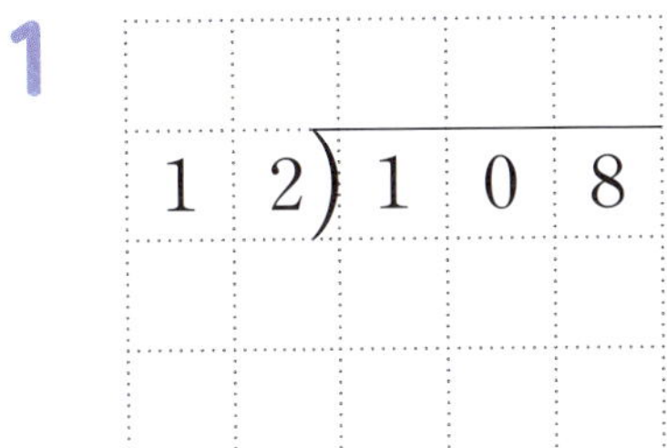

2

3 4) 2 3 8

3

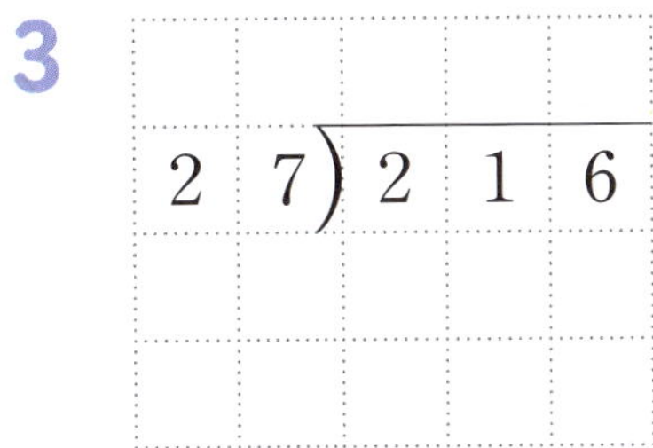

4

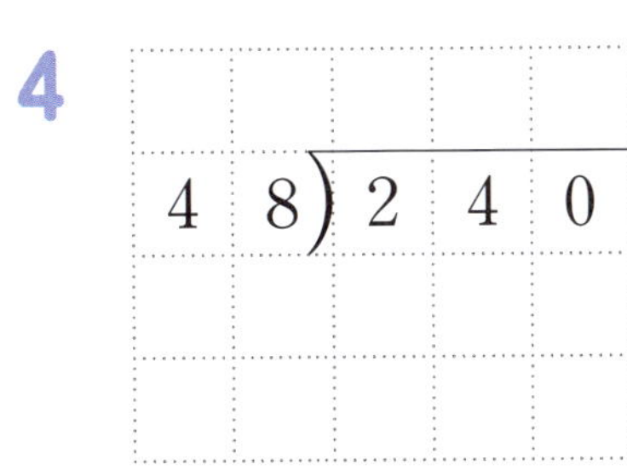

5

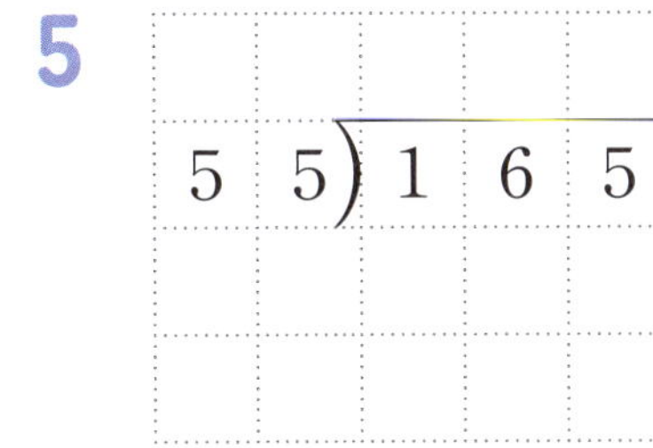

6

6 2) 3 7 2

7~28 나눗셈을 하세요.

7 $18 \overline{)126}$

8 $43 \overline{)258}$

9 $86 \overline{)172}$

10 $37 \overline{)185}$

11 $58 \overline{)232}$

12 $72 \overline{)216}$

13 $51 \overline{)306}$

14 $39 \overline{)156}$

15 $45 \overline{)405}$

16 $29 \overline{)174}$

17 $68 \overline{)340}$

18 $23 \overline{)138}$

19 $46 \overline{)368}$

20 $94 \overline{)658}$

21 $81 \overline{)729}$

22 $140 \div 28$

23 $474 \div 79$

24 $135 \div 15$

25 $208 \div 26$

26 $637 \div 91$

27 $512 \div 64$

28 $784 \div 98$

29~34 빈칸에 알맞은 수를 써넣으세요.

29 $162 \rightarrow \div 54 \rightarrow \square$

30 $252 \rightarrow \div 42 \rightarrow \square$

31 $348 \rightarrow \div 87 \rightarrow \square$

32 $144 \rightarrow \div 16 \rightarrow \square$

33 $434 \rightarrow \div 62 \rightarrow \square$

34 $624 \rightarrow \div 78 \rightarrow \square$

미끄럼틀 타기

미끄럼틀을 타고 내려간 곳에 있는 햄스터에 나눗셈의 계산 결과를 써넣으세요.

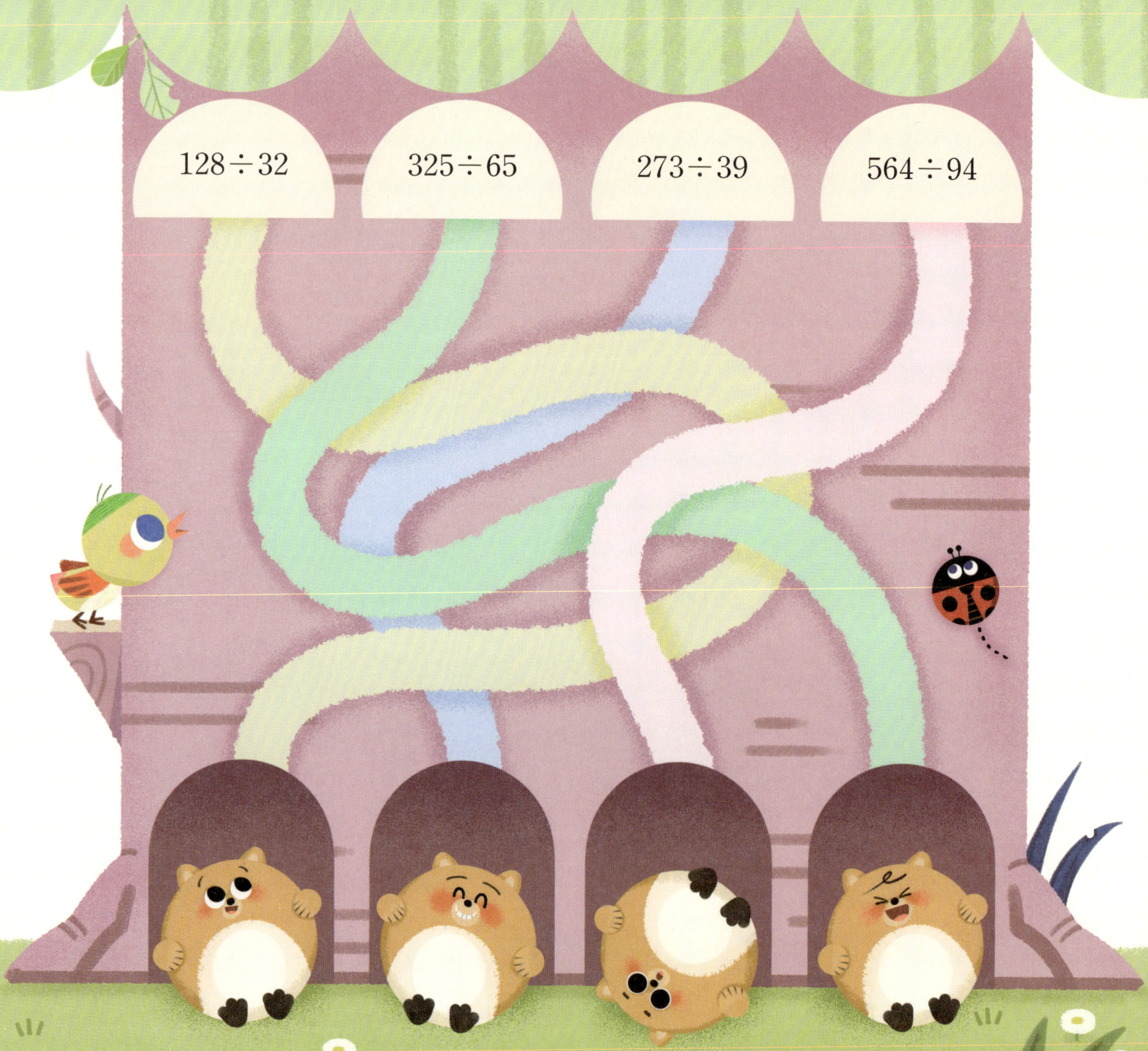

| 128 ÷ 32 | 325 ÷ 65 | 273 ÷ 39 | 564 ÷ 94 |

16 몫이 한 자리 수이고 나머지가 없는 (세 자리 수)÷(몇십몇)(2)

● 156÷26을 계산해 볼까요?

$$26 \times 5 = 130$$
$$26 \times 6 = 156$$
$$26 \times 7 = 182$$

```
         6
2 6 ) 1 5 6
      1 5 6
          0
```

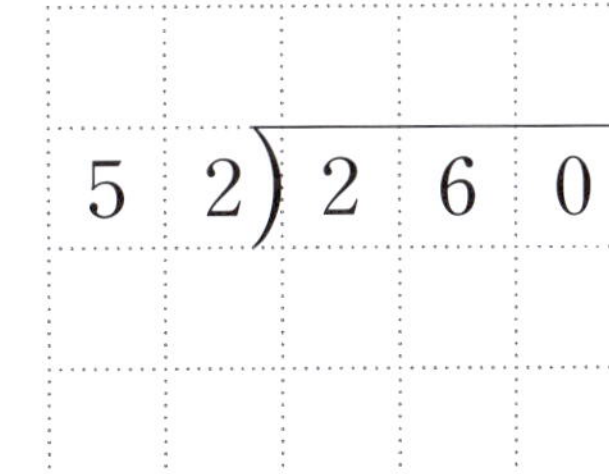

$$156 \div 26 = 6 \ \Rightarrow \ \text{몫 } 6 \quad \text{나머지 } 0$$

1~9 나눗셈을 하세요.

1
```
1 8 ) 1 6 2
```

2
```
2 5 ) 1 7 5
```

3
```
3 6 ) 1 4 4
```

4
```
2 8 ) 1 6 8
```

5
```
3 4 ) 3 0 6
```

6
```
4 2 ) 3 3 6
```

7
```
5 2 ) 2 6 0
```

8
```
6 9 ) 4 1 4
```

9
```
7 6 ) 6 0 8
```

10

$17 \overline{)1\ 0\ 2}$

11

$47 \overline{)2\ 3\ 5}$

12

$35 \overline{)2\ 4\ 5}$

13

$54 \overline{)4\ 8\ 6}$

14

$73 \overline{)5\ 1\ 1}$

15

$44 \overline{)3\ 0\ 8}$

16

$93 \overline{)2\ 7\ 9}$

17

$59 \overline{)2\ 9\ 5}$

18

$78 \overline{)3\ 1\ 2}$

19

$63 \overline{)5\ 6\ 7}$

20 $162 \div 27$

21 $285 \div 95$

22 $301 \div 43$

23 $204 \div 34$

24 $368 \div 92$

25 $592 \div 74$

26 $441 \div 49$

 빈칸에 큰 수를 작은 수로 나눈
몫을 써넣으세요.

 빈칸에 알맞은 수를 써넣으세요.

27

31

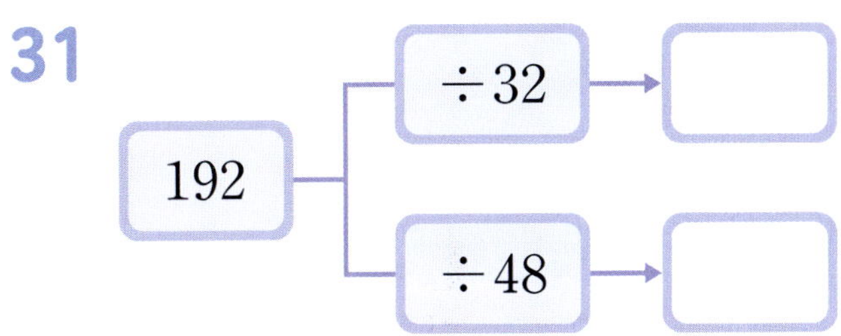

28

32

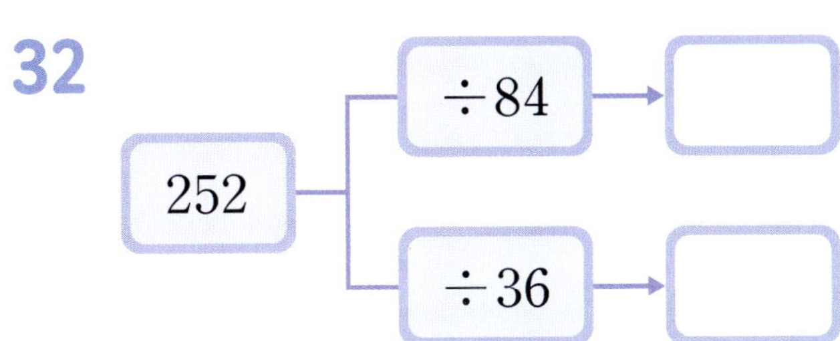

29

33

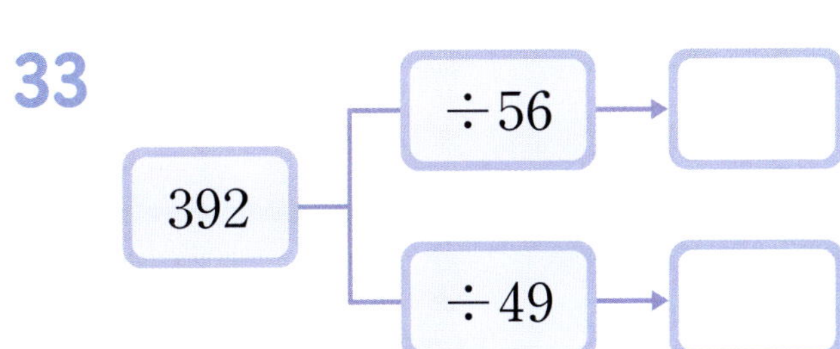

30

구슬을 한 줄에 75개씩 꿰어 목걸이를 만들려고 합니다. 구슬 600개로 목걸이를 몇 개까지
만들 수 있나요?

목걸이 한 개를 만드는 데 필요한 구슬 수: ☐ 개, 전체 구슬 수: ☐ 개

(목걸이 수)=(전체 구슬 수)÷(목걸이 한 개를 만드는 데 필요한 구슬 수)

= ☐ ÷ ☐ = ☐ (개)   답 ☐ 개

외계인 얼굴 그리기

나눗셈의 몫을 찾아 ◯표 하고 외계인 얼굴을 그리세요.

눈썹 ➡ $152 \div 19$

7　　8　　9

눈 ➡ $228 \div 57$

4　　5　　6

코 ➡ $378 \div 63$

6　　7　　8

입 ➡ $504 \div 72$

5　　6　　7

7주 3일
정답 확인

오늘 나의 실력을 평가해 봐!

부모님 응원 한마디

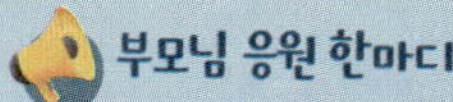

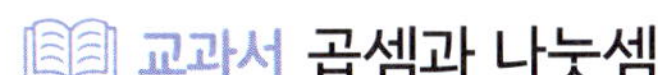 교과서 곱셈과 나눗셈

 ⑰ 몫이 한 자리 수이고 나머지가 있는 (세 자리 수)÷(몇십몇) (1)

● 129÷18을 계산해 볼까요?

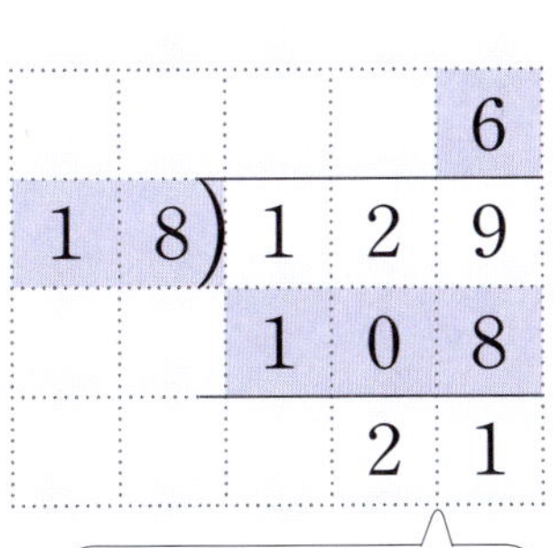

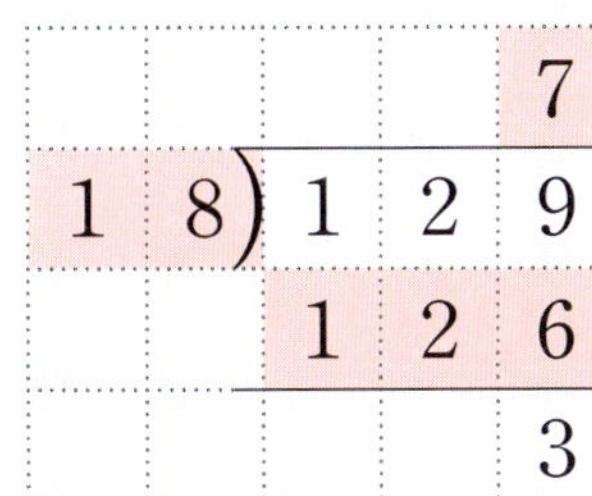

$$129 \div 18 = 7 \cdots 3 \quad \Rightarrow \quad \text{몫 } 7 \quad \text{나머지 } 3$$

나누어지는 수의 왼쪽 두 자리 수가
나누는 수보다 작을 때
몫을 십의 자리에 쓰지 않도록 주의해!

1~6 나눗셈을 하세요.

1

$$13 \overline{)109}$$

3

$$36 \overline{)188}$$

5

$$72 \overline{)441}$$

2

$$26 \overline{)237}$$

4

$$55 \overline{)389}$$

6

$$68 \overline{)570}$$

7
$$18 \overline{)169}$$

8
$$26 \overline{)110}$$

9
$$44 \overline{)273}$$

10
$$39 \overline{)203}$$

11
$$53 \overline{)167}$$

12
$$25 \overline{)227}$$

13
$$14 \overline{)123}$$

14
$$37 \overline{)314}$$

15
$$42 \overline{)297}$$

16
$$81 \overline{)425}$$

17
$$52 \overline{)231}$$

18
$$63 \overline{)403}$$

19
$$75 \overline{)563}$$

20
$$84 \overline{)724}$$

21
$$92 \overline{)862}$$

22 $184 \div 25$

23 $251 \div 27$

24 $143 \div 42$

25 $406 \div 78$

26 $289 \div 63$

27 $372 \div 58$

28 $692 \div 83$

29

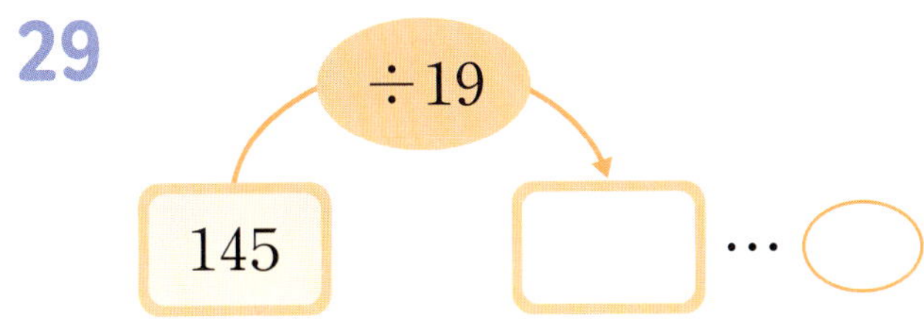

30

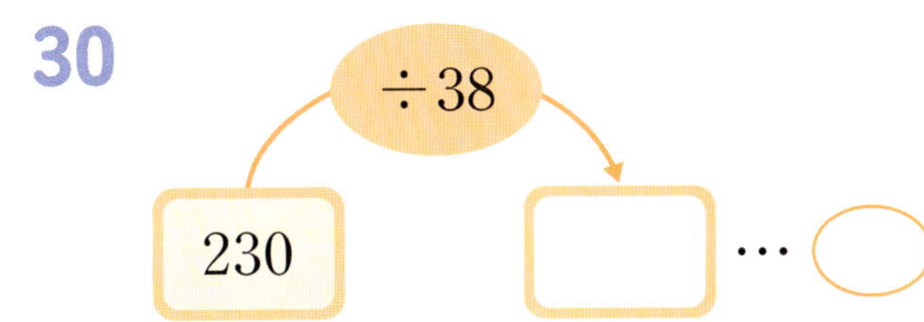

31

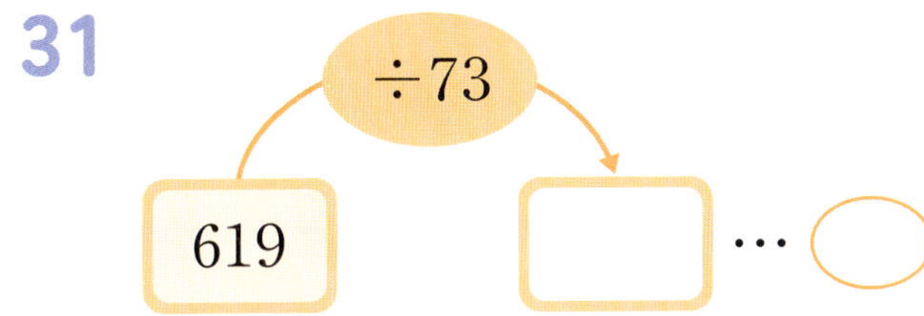

32

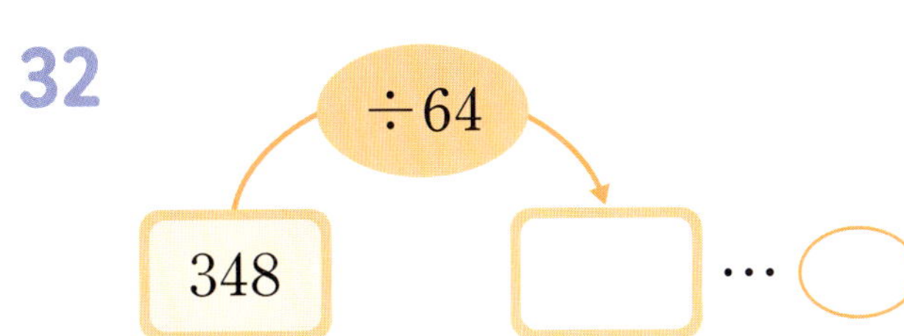

33

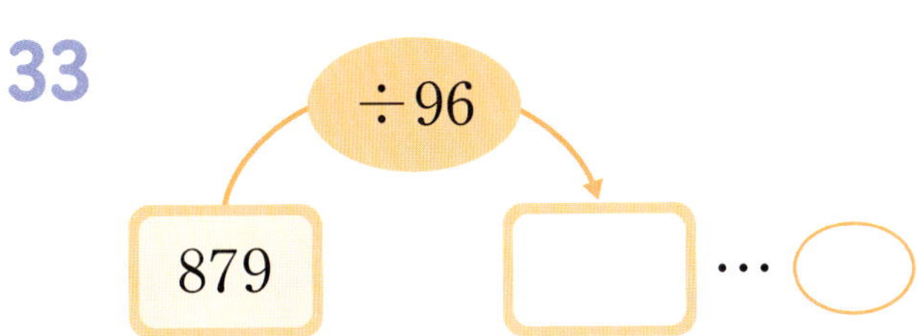

생일 선물 찾기

은호는 민지의 생일 선물을 준비했습니다. 주어진 나눗셈식이 맞으면 ➡를, 틀리면 ➡를 따라가면 은호가 민지에게 주려는 생일 선물을 찾을 수 있습니다. 생일 선물을 찾아 ○표 하세요.

$132 \div 25 = 5 \cdots 7$ ➡ $260 \div 42 = 8 \cdots 6$ ➡ $118 \div 14 = 6 \cdots 8$

$339 \div 66 = 5 \cdots 9$ ➡ $231 \div 24 = 9 \cdots 15$ ➡ $303 \div 59 = 8 \cdots 5$

$172 \div 33 = 5 \cdots 7$ ➡ $673 \div 83 = 9 \cdots 8$ ➡ $479 \div 65 = 7 \cdots 24$

오늘 나의 실력을 평가해 봐!　　　　부모님 응원 한마디

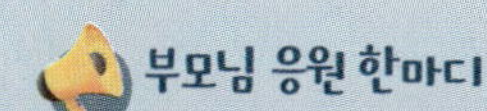

⑱ 몫이 한 자리 수이고 나머지가 있는 (세 자리 수)÷(몇십몇)(2)

● **165÷36을 계산해 볼까요?**

$$36 \times 3 = 108$$
$$36 \times 4 = 144$$
$$36 \times 5 = 180$$

$$\begin{array}{r} 4 \\ 3\,6\,)\overline{1\,6\,5} \\ 1\,4\,4 \\ \hline 2\,1 \end{array}$$

$$165 \div 36 = 4 \cdots 21 \ \Rightarrow \ \text{몫}\ 4 \quad \text{나머지}\ 21$$

1~9 나눗셈을 하세요.

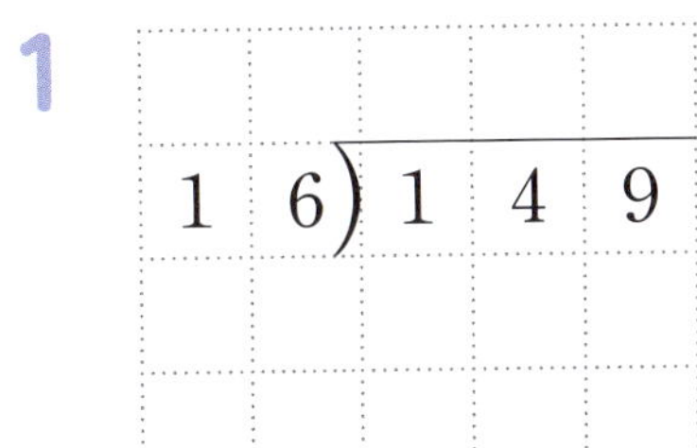

1
$$1\,6\,)\overline{1\,4\,9}$$

2
$$2\,2\,)\overline{1\,3\,9}$$

3
$$3\,4\,)\overline{2\,7\,5}$$

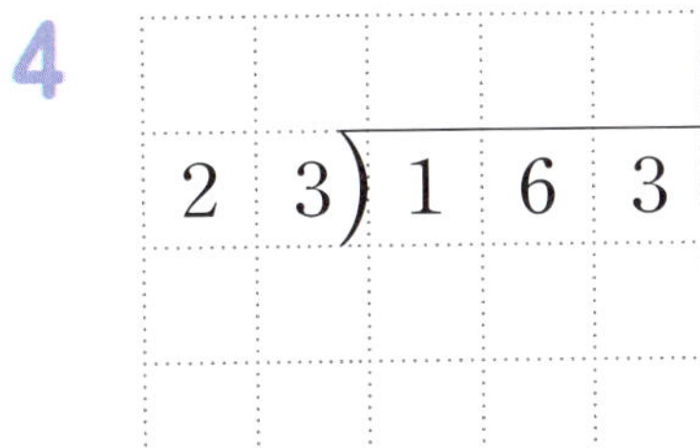

4
$$2\,3\,)\overline{1\,6\,3}$$

5
$$4\,1\,)\overline{2\,1\,4}$$

6
$$5\,6\,)\overline{2\,2\,6}$$

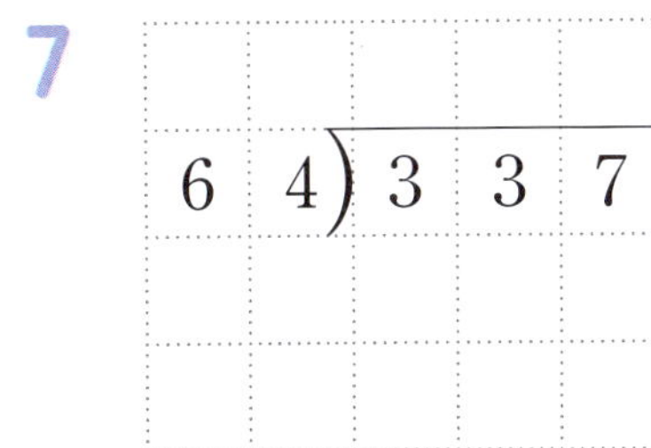

7
$$6\,4\,)\overline{3\,3\,7}$$

8
$$7\,2\,)\overline{3\,9\,1}$$

9
$$8\,3\,)\overline{3\,5\,9}$$

10~26 나눗셈을 하세요.

10
$$15\,)\overline{1\ 3\ 7}$$

11
$$27\,)\overline{1\ 9\ 5}$$

12
$$45\,)\overline{2\ 2\ 8}$$

13
$$76\,)\overline{3\ 1\ 2}$$

14
$$67\,)\overline{5\ 4\ 1}$$

15
$$29\,)\overline{1\ 5\ 4}$$

16
$$54\,)\overline{3\ 3\ 0}$$

17
$$35\,)\overline{1\ 6\ 3}$$

18
$$49\,)\overline{4\ 0\ 8}$$

19
$$86\,)\overline{2\ 8\ 8}$$

20 $145 \div 17$

21 $372 \div 52$

22 $213 \div 28$

23 $437 \div 93$

24 $324 \div 39$

25 $657 \div 79$

26 $516 \div 84$

 큰 수를 작은 수로 나눈 몫과 나머지를 구하세요.

 몫은 ☐ 안에, 나머지는 ◯ 안에 써넣으세요.

27

214   38

➡ 몫: ☐, 나머지: ☐

30

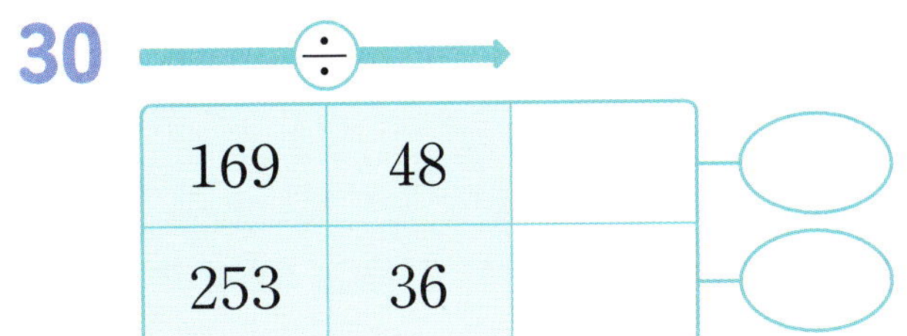

169	48	
253	36	

28

53   381

➡ 몫: ☐, 나머지: ☐

31

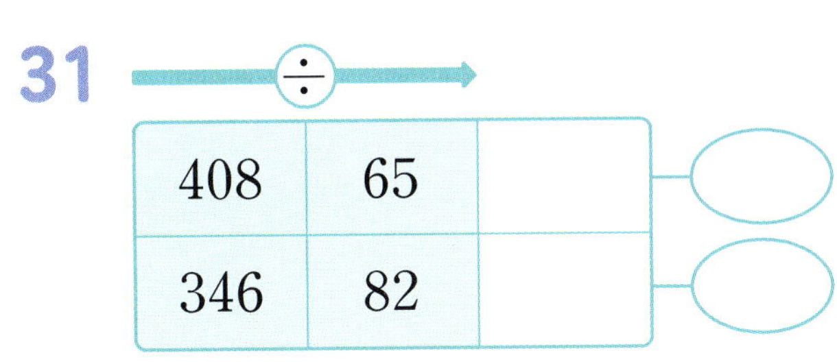

408	65	
346	82	

29

753   94

➡ 몫: ☐, 나머지: ☐

32

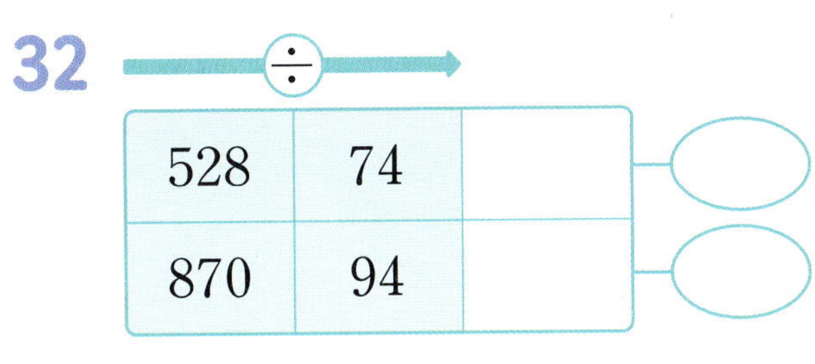

528	74	
870	94	

책 287권을 책꽂이 한 칸에 37권씩 꽂으려고 합니다. 책을 모두 꽂으려면 37권씩 책꽂이 몇 칸에 꽂고, 마지막 칸에는 몇 권을 꽂아야 하나요?

전체 책 수: ☐권, 한 칸에 꽂는 책 수: ☐권

(전체 책 수)÷(한 칸에 꽂는 책 수)

= ☐ ÷ ☐ = ☐ ⋯ ☐

답 ☐ 칸, ☐ 권

박 터트리기

승희네 학교 운동회에서 백 팀과 청 팀이 경기를 합니다. 박 터트리기를 하여 나온
수 3개를 이용하여 다음과 같이 경기를 하였을 때 경기에서 이긴 팀을 알아보세요.

<경기 방법>

1. 각 팀에서 나온 세 수를 한 번씩만 이용하여 가장 작은 세 자리 수를 만듭니다.

2. 각 팀에서 나온 세 수 중 두 수를 골라 가장 큰 두 자리 수를 만듭니다.

3. 1에서 만든 수를 2에서 만든 수로 나누는 나눗셈식을 세웁니다.

4. 3에서 만든 나눗셈식을 계산하였을 때 나머지가 더 큰 팀이 이깁니다.

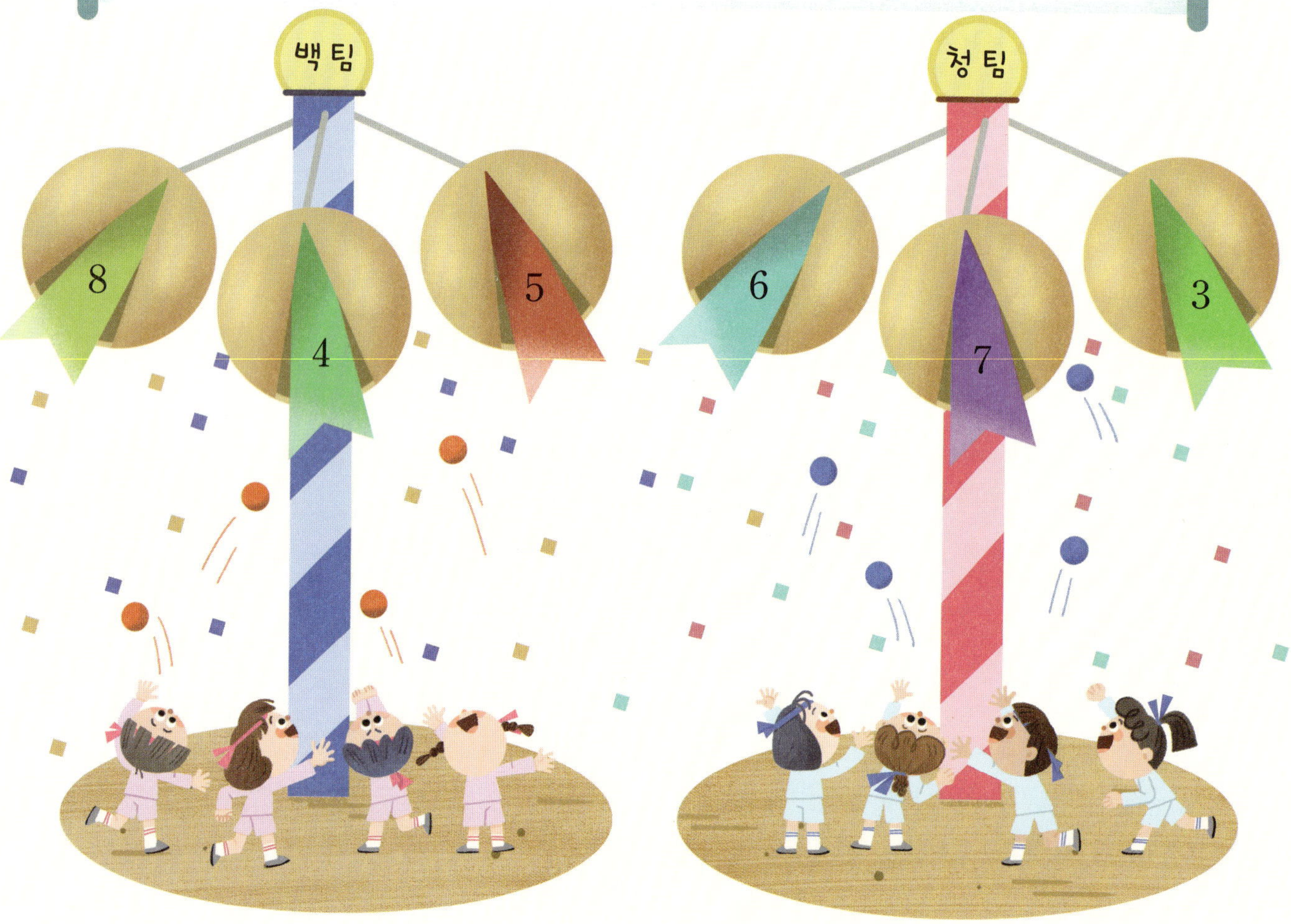

📖 교과서 곱셈과 나눗셈

⑲ 몫이 두 자리 수이고 나머지가 없는 (세 자리 수)÷(몇십몇)(1)

● 364÷28을 계산해 볼까요?

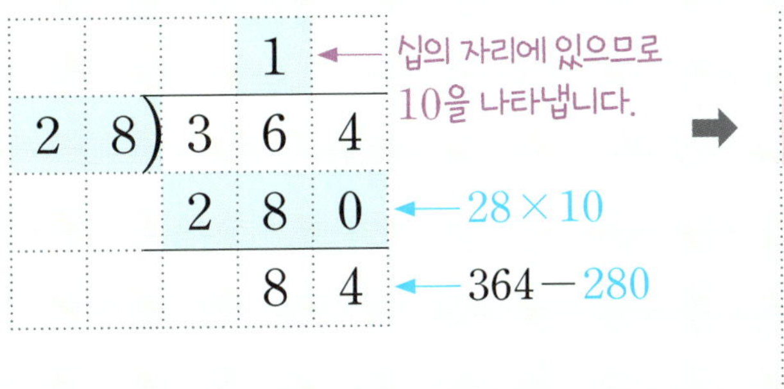

$$364 \div 28 = 13 \quad \Rightarrow \quad \text{몫 } 13 \quad \text{나머지 } 0$$

1~6 나눗셈을 하세요.

1

$$12 \overline{)168}$$

3

$$23 \overline{)253}$$

5

$$47 \overline{)564}$$

2

$$14 \overline{)294}$$

4

$$24 \overline{)336}$$

6

$$31 \overline{)713}$$

7
$15 \overline{)285}$

8
$27 \overline{)351}$

9
$35 \overline{)525}$

10
$42 \overline{)462}$

11
$13 \overline{)481}$

12
$56 \overline{)672}$

13
$34 \overline{)748}$

14
$11 \overline{)308}$

15
$26 \overline{)442}$

16
$63 \overline{)756}$

17
$43 \overline{)903}$

18
$21 \overline{)546}$

19
$25 \overline{)875}$

20
$14 \overline{)588}$

21
$32 \overline{)992}$

22 $221 \div 17$

23 $456 \div 38$

24 $592 \div 16$

25 $464 \div 29$

26 $720 \div 48$

27 $558 \div 18$

28 $864 \div 36$

 빈칸에 알맞은 수를 써넣으세요.

29 418 $\div 19$ □

30 518 $\div 37$ □

31 765 $\div 45$ □

32 832 $\div 64$ □

33 638 $\div 22$ □

34 924 $\div 28$ □

두더지 찾기

몫이 16인 나눗셈이 적혀 있는 두더지를 모두 찾아 ○표 하세요.

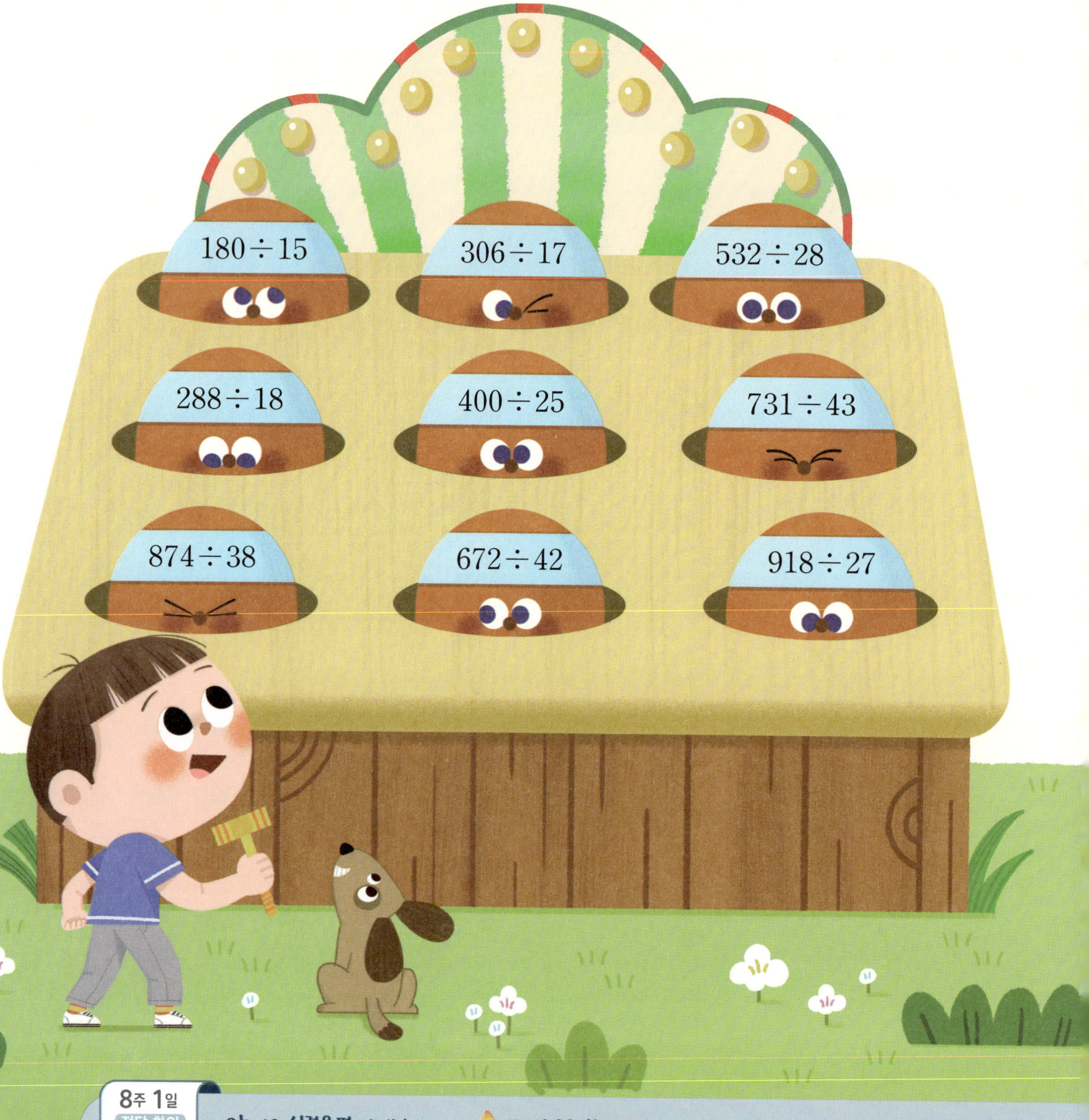

교과서 곱셈과 나눗셈

⑳ 몫이 두 자리 수이고 나머지가 없는 (세 자리 수)÷(몇십몇) (2)

● $312 \div 13$을 계산해 볼까요?

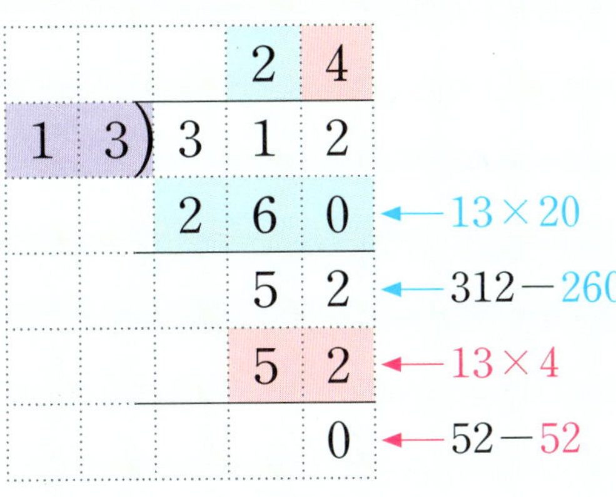

$$13 \times 10 = 130$$
$$13 \times 20 = 260$$
$$13 \times 30 = 390$$

→ 13과 몫의 곱이 312보다 크지 않으면서 312에 가장 가까운 수를 찾습니다.

$$\begin{array}{r} 2\ 4 \\ 1\ 3\ )\overline{3\ 1\ 2} \\ 2\ 6\ 0 \quad \leftarrow 13 \times 20 \\ \hline 5\ 2 \quad \leftarrow 312 - 260 \\ 5\ 2 \quad \leftarrow 13 \times 4 \\ \hline 0 \quad \leftarrow 52 - 52 \end{array}$$

$312 \div 13 = 24$ ➡ 몫 24 나머지 0

312÷13에서 312의 왼쪽 두 자리 수인 31이 나누는 수인 13보다 크니까 몫은 두 자리 수야.

1~6 나눗셈을 하세요.

1

$$1\ 4\ )\overline{1\ 6\ 8}$$

3

$$2\ 6\ )\overline{3\ 3\ 8}$$

5

$$3\ 2\ )\overline{5\ 7\ 6}$$

2

$$2\ 1\ )\overline{2\ 9\ 4}$$

4

$$1\ 7\ )\overline{4\ 4\ 2}$$

6

$$4\ 1\ )\overline{9\ 4\ 3}$$

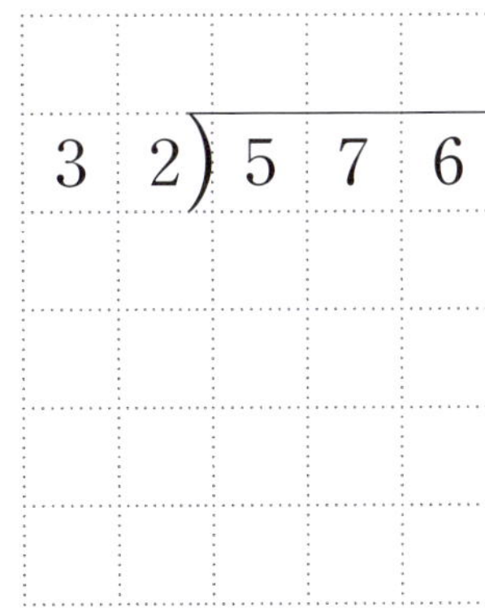
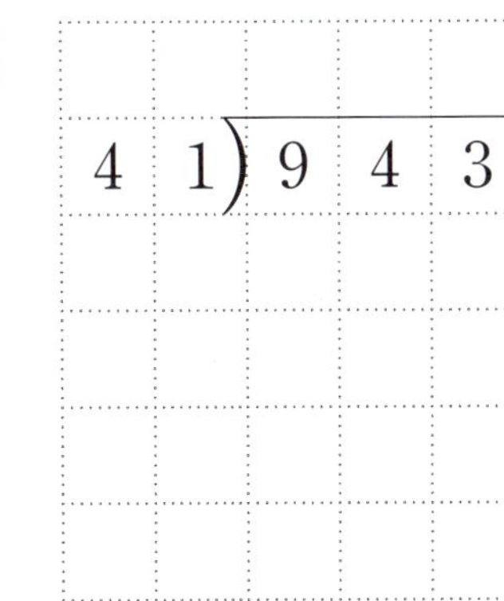

7

$$16\overline{)384}$$

8

$$27\overline{)459}$$

9

$$54\overline{)648}$$

10

$$32\overline{)736}$$

11

$$46\overline{)828}$$

12

$$29\overline{)783}$$

13

$$33\overline{)858}$$

14

$$12\overline{)576}$$

15

$$28\overline{)896}$$

16

$$75\overline{)900}$$

17 $414 \div 23$

18 $465 \div 31$

19 $987 \div 47$

20 $845 \div 65$

21 $646 \div 19$

22 $850 \div 25$

23 $722 \div 38$

24~27 빈칸에 큰 수를 작은 수로 나눈 몫을 써넣으세요.

24

682	
22	

25

13	
546	

26

714	
51	

27

39	
897	

28~30 빈칸에 알맞은 수를 써넣으세요.

28 ÷18

342	
918	

29 ÷24

696	
864	

30 ÷45

585	
720	

연산+

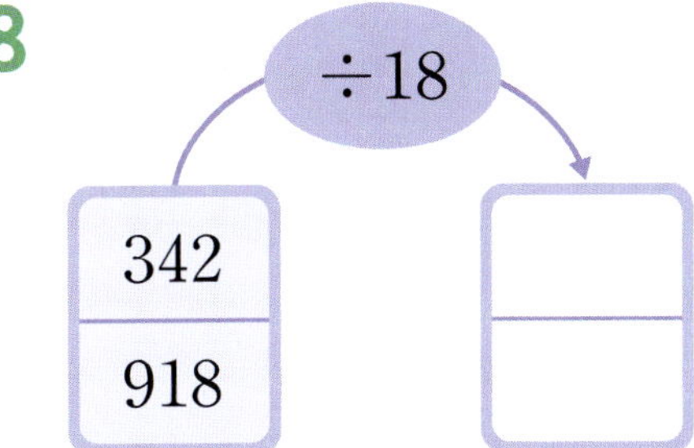

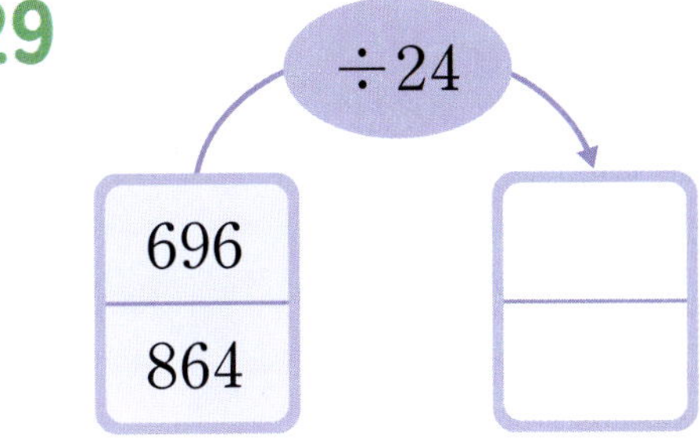

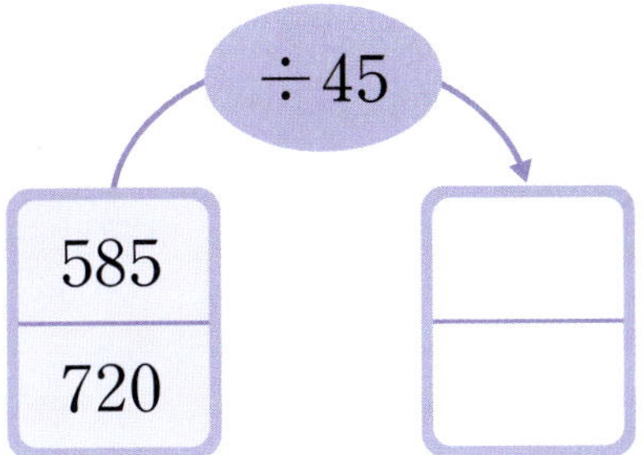

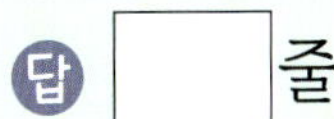

지호네 마을 사람들이 나무 432그루를 공원에 심었습니다. 한 줄에 36그루씩 심었다면 심은 나무는 모두 몇 줄인가요?

전체 나무 수: ☐그루, 한 줄에 심은 나무 수: ☐그루

(나무를 심은 줄 수)=(전체 나무 수)÷(한 줄에 심은 나무 수)

=☐÷☐=☐(줄)

답 ☐줄

선 잇기

행성에 적힌 수를 우주복에 적힌 수로 나눈 몫이 우주선에 적힌 수가 되도록 선으로 이으세요.

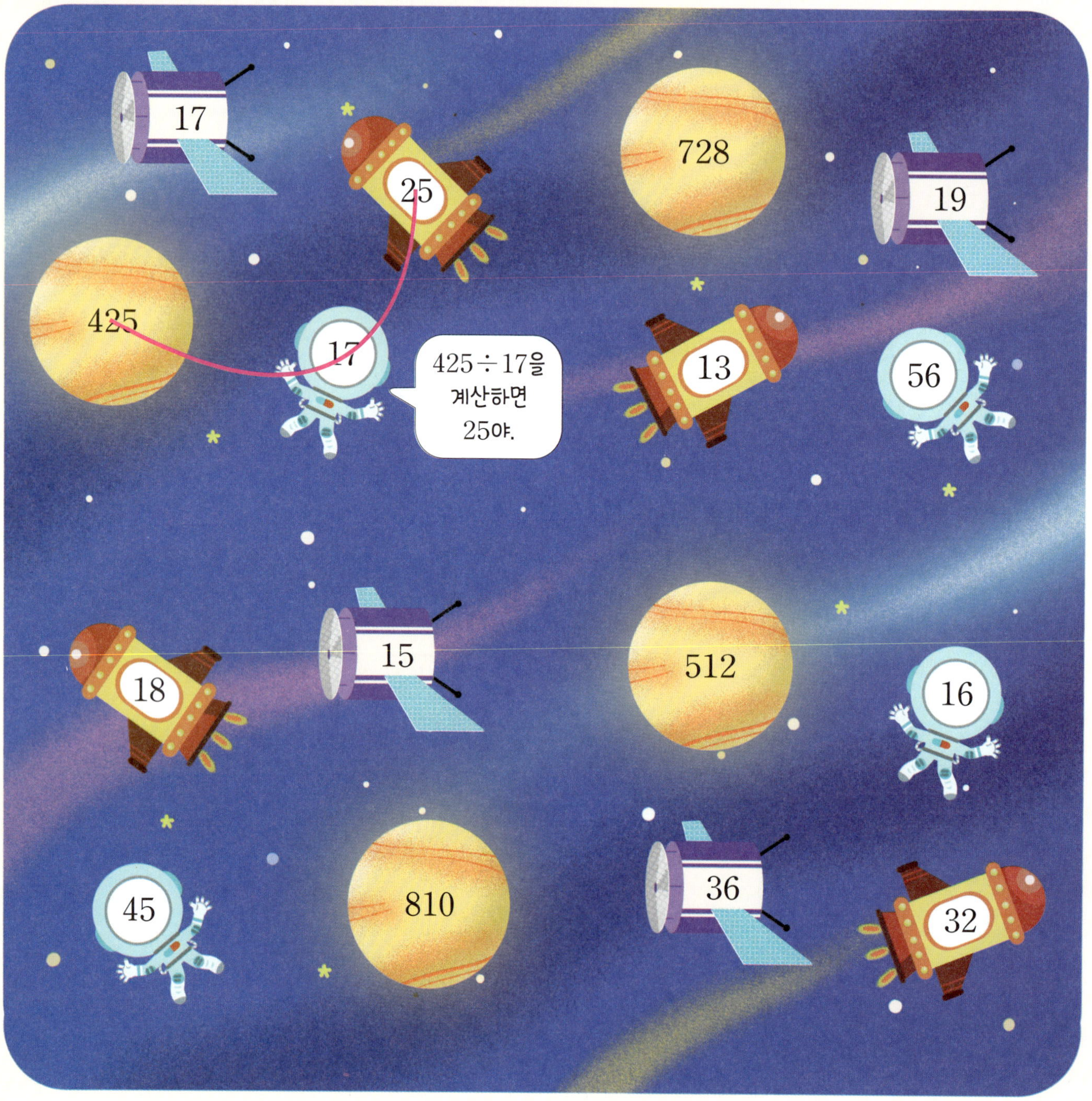

21 몫이 두 자리 수이고 나머지가 있는 (세 자리 수)÷(몇십몇) (1)

● 259÷14를 계산해 볼까요?

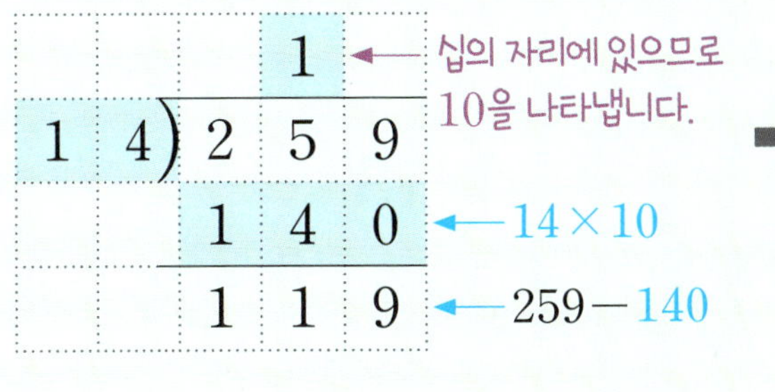

십의 자리에 있으므로 10을 나타냅니다.

← 14×10

← $259 - 140$

→

0은 생략할 수 있습니다.

← 14×8

← $119 - 112$

$$259 \div 14 = 18 \cdots 7 \quad \Rightarrow \quad \text{몫 } 18 \quad \text{나머지 } 7$$

1~6 나눗셈을 하세요.

1
$$13\,)\,185$$

3
$$28\,)\,369$$

5
$$17\,)\,448$$

2
$$16\,)\,263$$

4
$$32\,)\,392$$

6
$$24\,)\,518$$

7~28 나눗셈을 하세요.

7
$$16\,)\overline{2\ 8\ 2}$$

8
$$23\,)\overline{2\ 6\ 0}$$

9
$$44\,)\overline{5\ 7\ 4}$$

10
$$58\,)\overline{6\ 4\ 2}$$

11
$$27\,)\overline{7\ 1\ 5}$$

12
$$12\,)\overline{3\ 1\ 3}$$

13
$$15\,)\overline{5\ 4\ 8}$$

14
$$64\,)\overline{9\ 8\ 2}$$

15
$$34\,)\overline{7\ 3\ 5}$$

16
$$37\,)\overline{9\ 2\ 1}$$

17
$$24\,)\overline{5\ 7\ 3}$$

18
$$32\,)\overline{6\ 8\ 7}$$

19
$$19\,)\overline{8\ 8\ 6}$$

20
$$22\,)\overline{6\ 2\ 5}$$

21
$$51\,)\overline{9\ 2\ 5}$$

22 $295 \div 21$

23 $448 \div 11$

24 $734 \div 54$

25 $694 \div 43$

26 $781 \div 35$

27 $834 \div 26$

28 $920 \div 73$

[29~33] 몫은 ☐ 안에, 나머지는 ◯ 안에 써넣으세요.

29
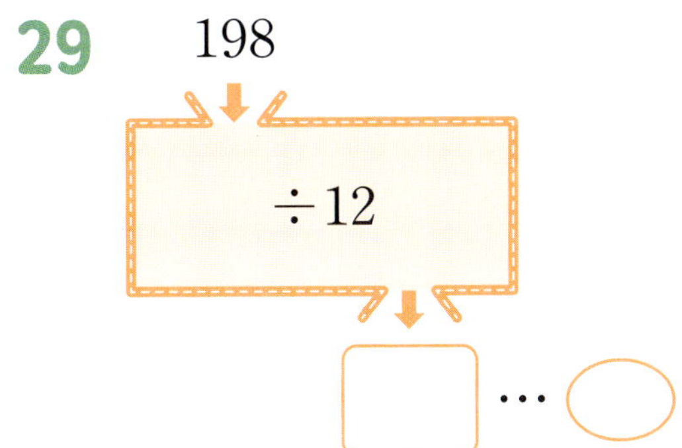

30
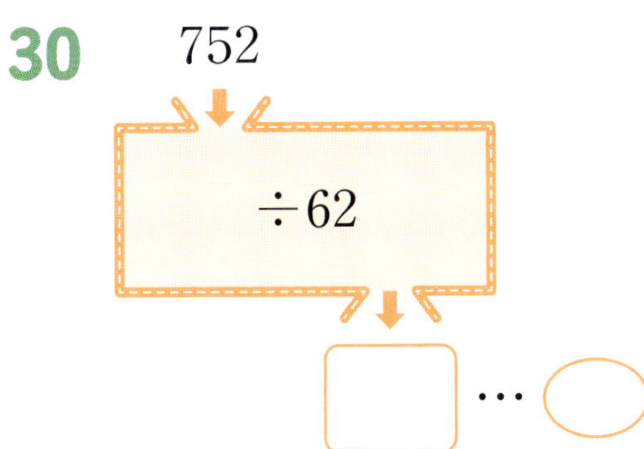

31
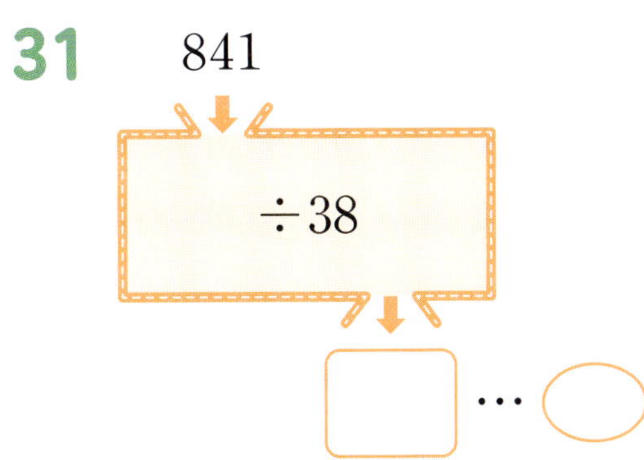

32
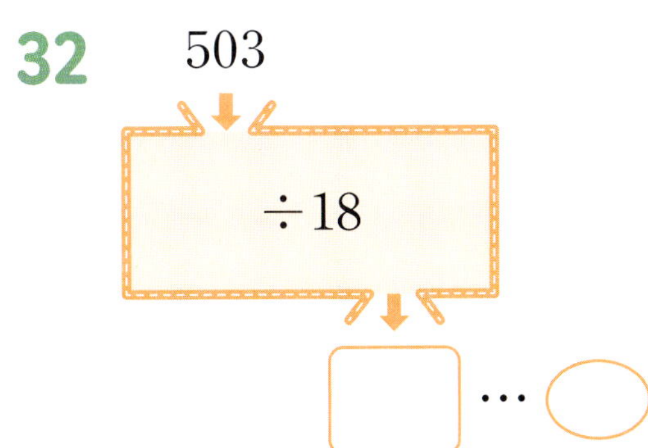

33
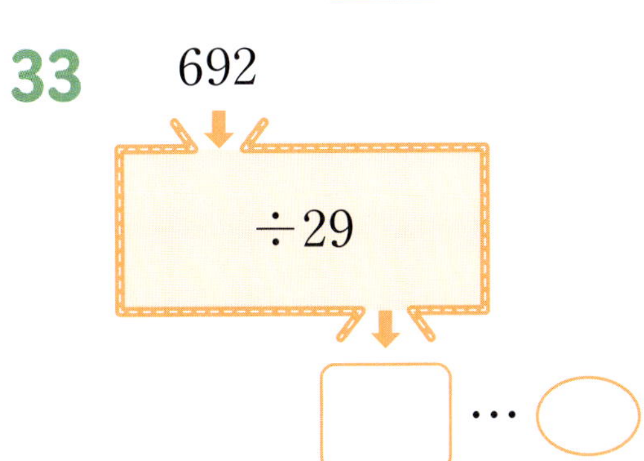

징검다리 건너기

세진이는 몫과 나머지가 같은 나눗셈이 적힌 돌만 밟고 강의 건너편에 있는 동생에게 가려고 합니다. 세진이가 밟아야 하는 돌을 모두 찾아 색칠하세요.

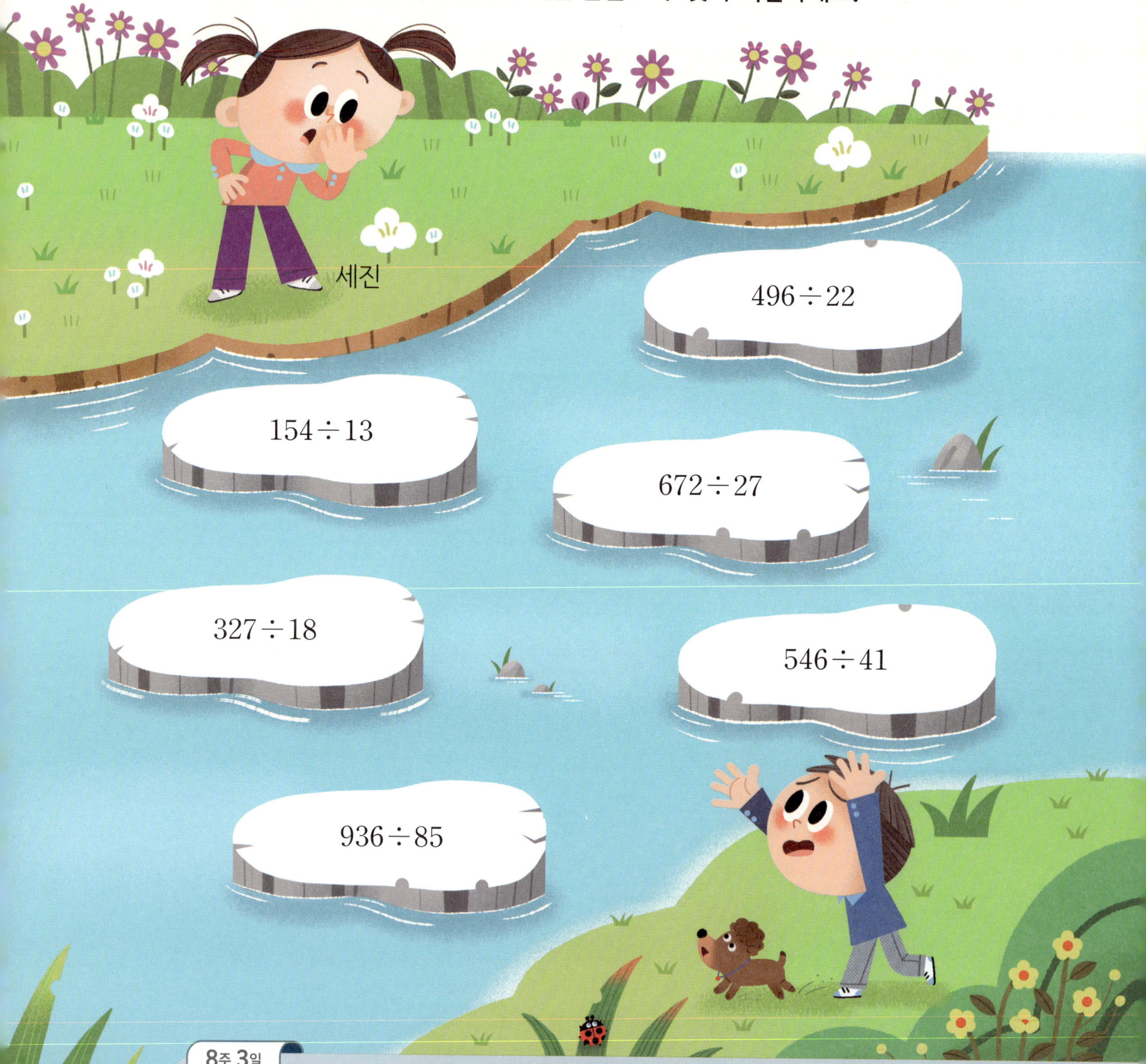

22 몫이 두 자리 수이고 나머지가 있는 (세 자리 수)÷(몇십몇)(2)

● $680 \div 27$을 계산해 볼까요?

$$27 \times 10 = 270$$
$$27 \times 20 = 540$$
$$27 \times 30 = 810$$

→ 27과 몫의 곱이 680보다 크지 않으면서 680에 가장 가까운 수를 찾습니다.

```
        2 5
  2 7 ) 6 8 0
        5 4 0   ← 27×20
        1 4 0   ← 680-540
        1 3 5   ← 27×5
            5   ← 140-135
```

$$680 \div 27 = 25 \cdots 5 \implies \text{몫 } 25 \quad \text{나머지 } 5$$

1~6 나눗셈을 하세요.

1
```
  1 4 ) 1 7 2
```

3
```
  3 6 ) 4 6 9
```

5
```
  1 7 ) 5 8 4
```

2
```
  2 3 ) 4 8 6
```

4
```
  2 5 ) 3 8 0
```

6
```
  4 2 ) 6 4 2
```

7

$$13\overline{)250}$$

8

$$31\overline{)387}$$

9

$$29\overline{)535}$$

10

$$15\overline{)475}$$

11

$$45\overline{)638}$$

12

$$34\overline{)583}$$

13

$$52\overline{)625}$$

14

$$26\overline{)877}$$

15

$$12\overline{)772}$$

16

$$76\overline{)982}$$

17 $241 \div 22$

18 $542 \div 37$

19 $485 \div 28$

20 $392 \div 11$

21 $935 \div 44$

22 $692 \div 19$

23 $948 \div 86$

24

259   16

➡ 몫: ☐ , 나머지: ☐

25

24   417

➡ 몫: ☐ , 나머지: ☐

26

736   33

➡ 몫: ☐ , 나머지: ☐

27
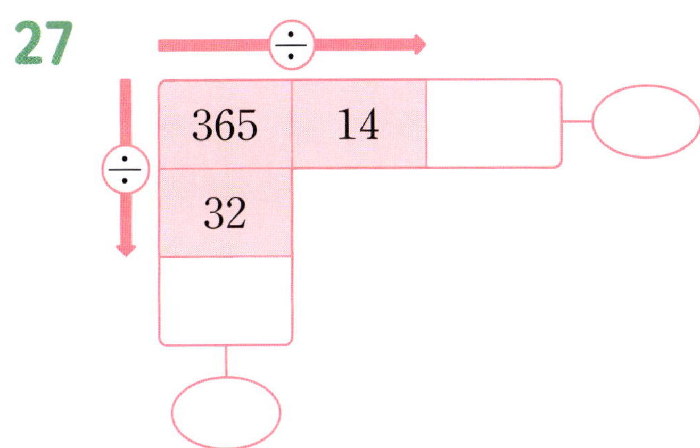

28
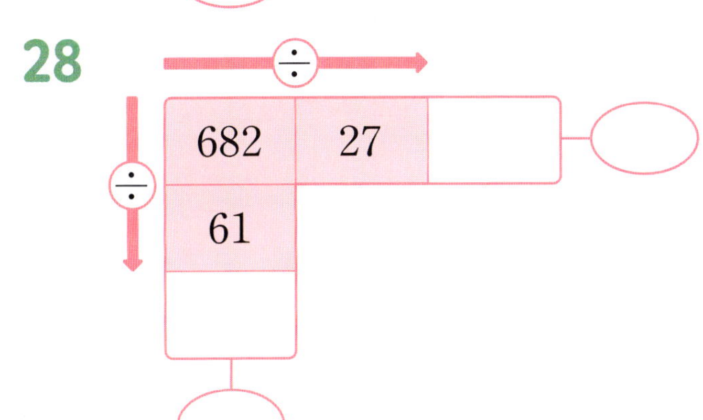

29
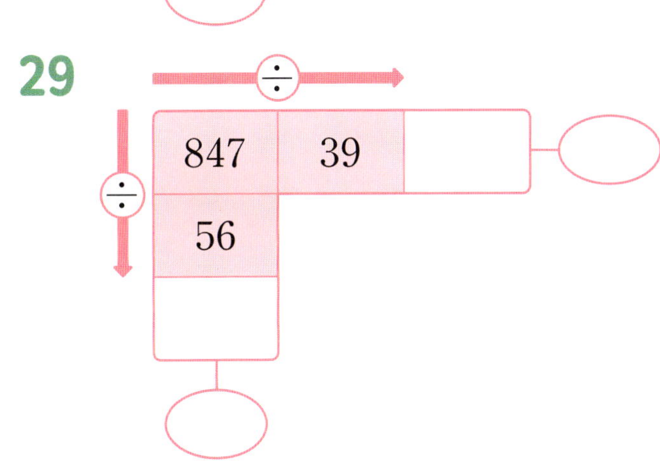

색종이 200장을 18명에게 똑같이 나누어 주려고 합니다. 색종이는 한 사람에게 몇 장씩 줄 수 있고, 몇 장이 남을까요?

색종이 수: ☐ 장, 나누어 주는 사람 수: ☐ 명

(색종이 수)÷(나누어 주는 사람 수)

= ☐ ÷ ☐ = ☐ ⋯ ☐

답 ☐ 장, ☐ 장

놀이기구 타기

한나는 지연이와 함께 놀이공원에 갔습니다. 모든 놀이기구의 1회 운행 시간이 같고 첫 운행을 동시에 시작한다고 합니다. 한나가 가장 먼저 탈 수 있는 놀이기구는 무엇인지 알아보세요.

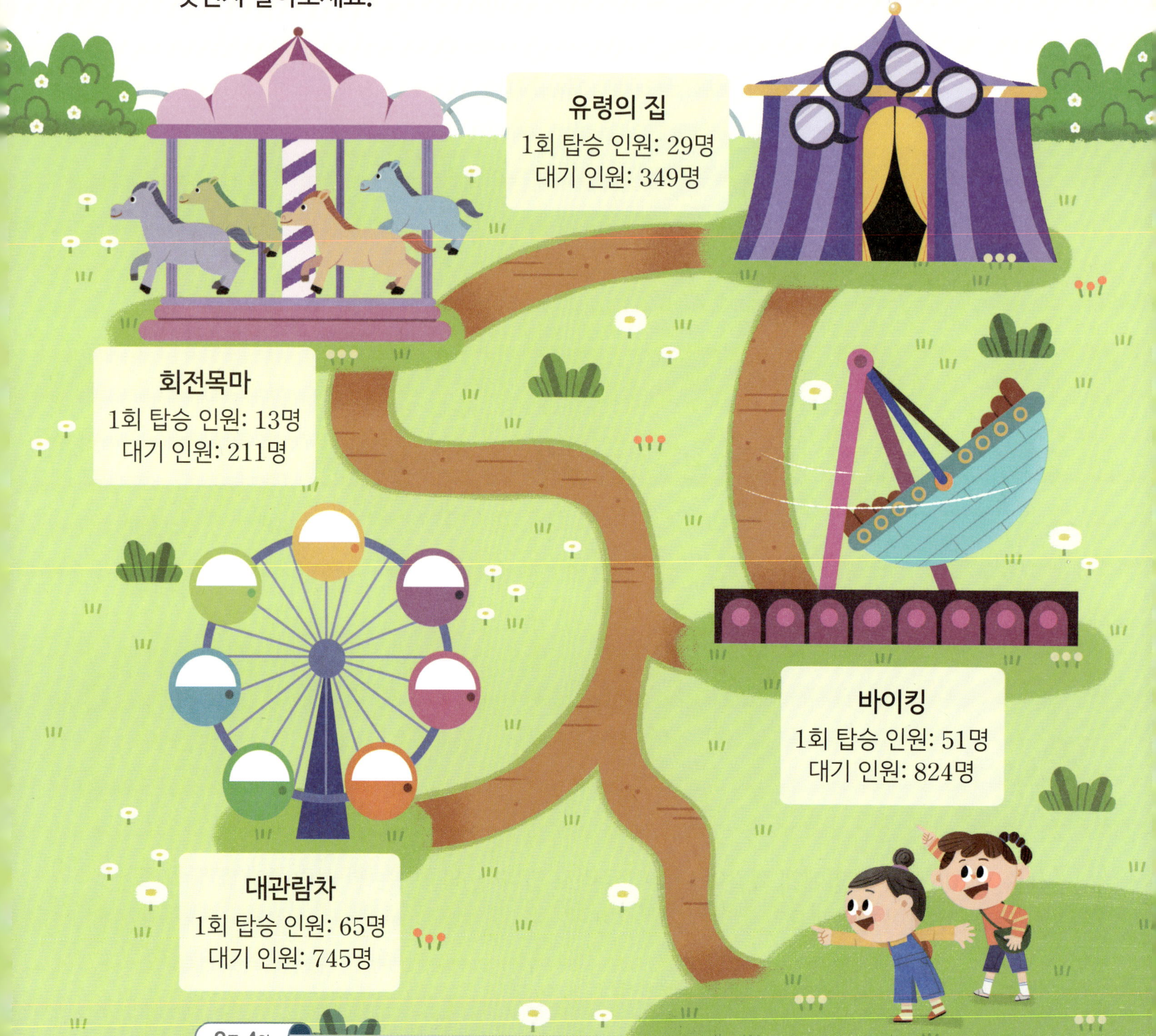

8주 4일 정답 확인

오늘 나의 실력을 평가해 봐!

부모님 응원 한마디

📖 교과서 **곱셈과 나눗셈**

마무리 연산

1~3 곱셈을 하세요.

1
```
    1 2 5
  ×   3 0
```

2
```
    4 3 7
  ×   1 6
```

3
```
    5 2 4
  ×   4 3
```

4~9 나눗셈을 하세요.

4
```
2 0 ) 4 4
```

6
```
1 2 ) 7 2
```

8
```
6 5 ) 4 6 9
```

5
```
8 0 ) 3 3 7
```

7
```
1 4 ) 6 5
```

9
```
3 2 ) 5 1 2
```

10~15 계산을 하세요.

10 300×80

12 $280 \div 40$

14 $496 \div 62$

11 623×49

13 $97 \div 30$

15 $746 \div 28$

16~19 빈칸에 알맞은 수를 써넣으세요.

16

×60

600	→	
219	→	

18

÷50

150	→	
800	→	

17

361, 443 → ×23 → □, □

19

51, 85 → ÷17 → □, □

20~21 몫은 □ 안에, 나머지는 ○ 안에 써넣으세요.

20

÷	→		
÷ ↓	83	40	□ ○
	12		
	□		
	○		

21

÷	→		
÷ ↓	452	73	□ ○
	28		
	□		
	○		

22~23 빈칸에 알맞은 수를 써넣으세요.

22

960 → ÷30 → □ → ÷16 → □

23

756 → ÷12 → □ → ÷21 → □

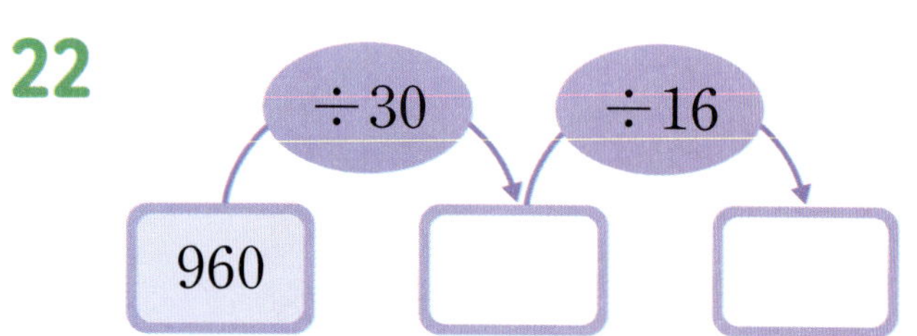

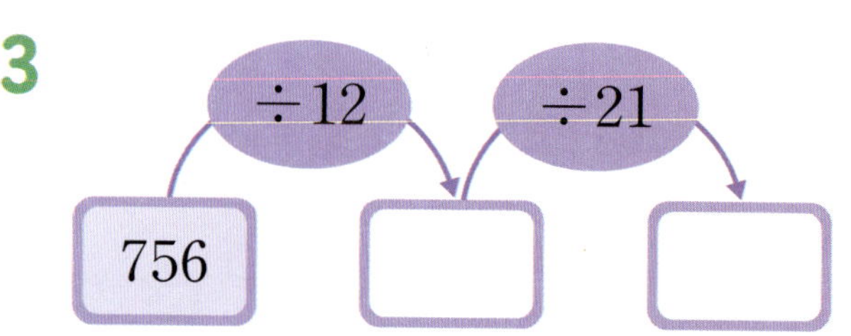

24 계산 결과를 찾아 선으로 이으세요.

160×90 ·	· 14040
625×28 ·	· 14400
468×30 ·	· 17500

25 나머지가 가장 작은 것을 찾아 기호를 쓰세요.

ㄱ $674 \div 50$　　ㄴ $726 \div 40$　　ㄷ $510 \div 20$

(　　　　　　　)

26 가장 큰 수를 가장 작은 수로 나눈 몫을 구하세요.

23	62	31	92

(　　　　　　　)

27 몫이 두 자리 수인 나눗셈을 찾아 ○표 하세요.

$247 \div 25$　　　　$419 \div 86$　　　　$785 \div 42$

(　　　　)　　　(　　　　)　　　(　　　　)

28 지유네 학교의 학생 637명이 매일 우유를 한 개씩 마십니다. 학생들이 45일 동안 마시는 우유는 모두 몇 개인가요?

29 공장에서 인형을 84개 만들었습니다. 만든 인형을 28상자에 똑같이 나누어 담으려면 한 상자에 몇 개씩 담아야 하나요 ?

30 학생 628명이 버스 한 대에 40명씩 나누어 타려고 합니다. 학생들이 모두 타려면 버스는 적어도 몇 대 필요한가요?

식

답

31 농장에서 귤을 한 사람당 24개씩 12명이 땄습니다. 딴 귤을 바구니 한 개에 48개씩 담으려면 바구니는 몇 개 필요한가요?

식

답

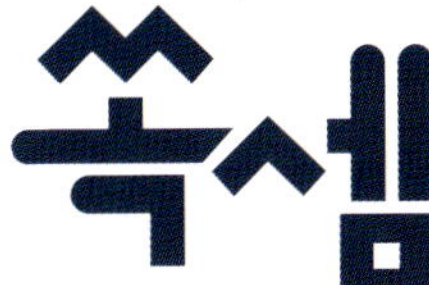

바른답

7권 (4학년 1학기)

하루 한장 쏙셈의 효율적인 학습을 위한 특별 제공

1

“바른답”의 앞표지를 넘기면 ‘학습 계획표’가 있어요. 아이와 함께 학습 계획을 세워 보세요.

2

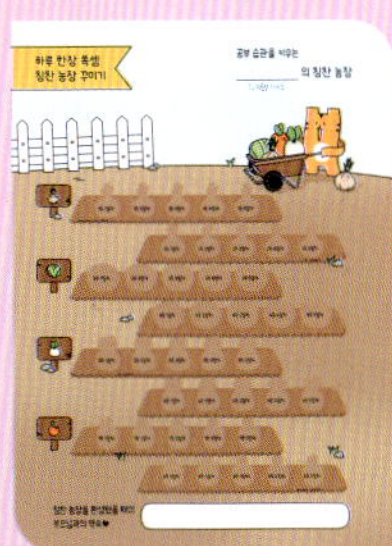

“바른답”의 뒤표지를 앞으로 넘기면 ‘붙임 학습판’이 있어요. 붙임 딱지를 붙여 붙임 학습판의 그림을 완성해 보세요.

3

그날의 학습이 끝나면 ‘정답 확인’ QR 코드를 찍어 학습 인증을 하고 하루템을 모아 보세요.

쏙셈 7권(4-1) 학습 계획표

주차	교과서	학습 내용	학습 계획일	맞힌 개수	목표 달성도
1주	큰 수	❶ 만, 몇만 알아보기	월 일	/25	☺☺☺☺☺
		❷ 다섯 자리 수 알아보기	월 일	/25	☺☺☺☺☺
		❸ 십만, 백만, 천만 알아보기	월 일	/27	☺☺☺☺☺
		❹ 억 알아보기	월 일	/26	☺☺☺☺☺
		❺ 조 알아보기	월 일	/26	☺☺☺☺☺
2주		❻ 뛰어 세기	월 일	/16	☺☺☺☺☺
		❼ 큰 수의 크기 비교	월 일	/28	☺☺☺☺☺
		마무리 연산	월 일	/30	☺☺☺☺☺
	각도	❶ 각도의 합(1)	월 일	/39	☺☺☺☺☺
		❷ 각도의 합(2)	월 일	/34	☺☺☺☺☺
		❸ 각도의 차(1)	월 일	/39	☺☺☺☺☺
		❹ 각도의 차(2)	월 일	/34	☺☺☺☺☺
3주		❺ 삼각형의 세 각의 크기의 합(1)	월 일	/25	☺☺☺☺☺
		❻ 삼각형의 세 각의 크기의 합(2)	월 일	/23	☺☺☺☺☺
		❼ 사각형의 네 각의 크기의 합(1)	월 일	/25	☺☺☺☺☺
		❽ 사각형의 네 각의 크기의 합(2)	월 일	/23	☺☺☺☺☺
		마무리 연산	월 일	/25	☺☺☺☺☺
4주	곱셈과 나눗셈	❶ (몇백)×(몇십)	월 일	/36	☺☺☺☺☺
		❷ (세 자리 수)×(몇십)(1)	월 일	/34	☺☺☺☺☺
		❸ (세 자리 수)×(몇십)(2)	월 일	/34	☺☺☺☺☺
		❹ (세 자리 수)×(몇십몇)(1)	월 일	/34	☺☺☺☺☺
		❺ (세 자리 수)×(몇십몇)(2)	월 일	/30	☺☺☺☺☺
5주		❻ (몇백몇십)÷(몇십)	월 일	/33	☺☺☺☺☺
		❼ (두 자리 수)÷(몇십)(1)	월 일	/37	☺☺☺☺☺
		❽ (두 자리 수)÷(몇십)(2)	월 일	/34	☺☺☺☺☺
		❾ (세 자리 수)÷(몇십)(1)	월 일	/36	☺☺☺☺☺
		❿ (세 자리 수)÷(몇십)(2)	월 일	/33	☺☺☺☺☺
6주		⓫ 나머지가 없는 (두 자리 수)÷(몇십몇)(1)	월 일	/34	☺☺☺☺☺
		⓬ 나머지가 없는 (두 자리 수)÷(몇십몇)(2)	월 일	/34	☺☺☺☺☺
		⓭ 나머지가 있는 (두 자리 수)÷(몇십몇)(1)	월 일	/34	☺☺☺☺☺
		⓮ 나머지가 있는 (두 자리 수)÷(몇십몇)(2)	월 일	/33	☺☺☺☺☺
7주		⓯ 몫이 한 자리 수이고 나머지가 없는 (세 자리 수)÷(몇십몇)(1)	월 일	/34	☺☺☺☺☺
		⓰ 몫이 한 자리 수이고 나머지가 없는 (세 자리 수)÷(몇십몇)(2)	월 일	/34	☺☺☺☺☺
		⓱ 몫이 한 자리 수이고 나머지가 있는 (세 자리 수)÷(몇십몇)(1)	월 일	/33	☺☺☺☺☺
		⓲ 몫이 한 자리 수이고 나머지가 있는 (세 자리 수)÷(몇십몇)(2)	월 일	/33	☺☺☺☺☺
8주		⓳ 몫이 두 자리 수이고 나머지가 없는 (세 자리 수)÷(몇십몇)(1)	월 일	/34	☺☺☺☺☺
		⓴ 몫이 두 자리 수이고 나머지가 없는 (세 자리 수)÷(몇십몇)(2)	월 일	/31	☺☺☺☺☺
		㉑ 몫이 두 자리 수이고 나머지가 있는 (세 자리 수)÷(몇십몇)(1)	월 일	/33	☺☺☺☺☺
		㉒ 몫이 두 자리 수이고 나머지가 있는 (세 자리 수)÷(몇십몇)(2)	월 일	/30	☺☺☺☺☺
		마무리 연산	월 일	/31	☺☺☺☺☺

바른답

7권 (4학년 1학기)

1주 1일차 ❶ 만, 몇만 알아보기

1	1000	**3**	10
2	100	**4**	1

5	이만	**11**	10000
6	오만	**12**	40000
7	삼만	**13**	20000
8	칠만	**14**	60000
9	육만	**15**	50000
10	구만	**16**	80000

17	9600 / 9900	**21**	만, 10000에 ◯표
18	7000 / 10000	**22**	3만, 삼만에 ◯표
19	20000 / 60000	**23**	오만, 50000에 ◯표
20	70000, 90000	**24**	80000, 8만에 ◯표

 연산
7000 / 7000　**답** 7000

 연산 놀이터　**답** 예

풀이　은희: 1000원을 주워야 합니다.
　　　　민혁: 2000원을 주워야 합니다.
　　　　정은: 3000원을 주워야 합니다.

1주 2일차 ❷ 다섯 자리 수 알아보기

1	12637	**3**	59213
2	35748	**4**	76049

5	만 이천육백칠십구	**11**	19254
6	이만 팔천오백육십일	**12**	34748
7	오만 천칠백구십사	**13**	62491
8	육만 사천삼백이십	**14**	95362
9	사만 삼천백삼	**15**	51830
10	팔만 이백오십육	**16**	70048

17	6000 / 30	**21**	3000
18	80000, 100	**22**	30
19	7000, 50	**23**	600
20	90000, 400	**24**	6

 연산
60000, 200, 65200 / 65200　**답** 65200

 연산 놀이터　**답**

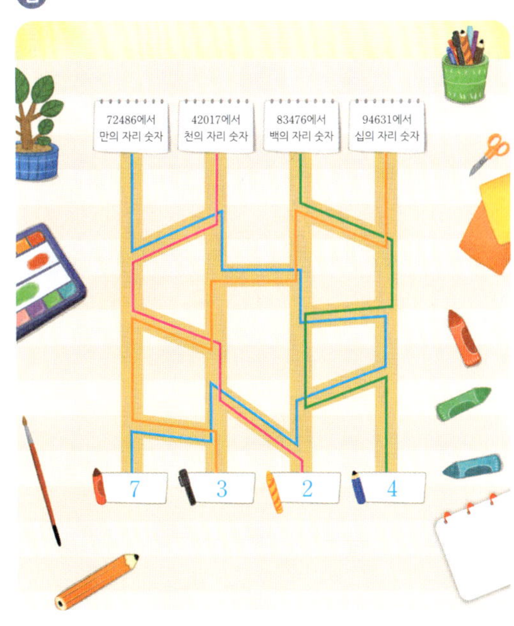

1	360000	**4**	132500
2	5270000	**5**	3842640
3	19450000	**6**	60720308

7	이십사만	**13**	170000
8	오백삼십육만	**14**	3920000
9	칠천백구십만	**15**	61450000
10	천육백삼십이만 사천팔백삼십구	**16**	42731614
11	삼천칠백오만 이천구백십사	**17**	70940852
12	팔천구백이십만 백팔	**18**	90063100

19	9000000 / 20000	**23**	8000000
20	30000000 / 500000	**24**	80000
21	60000000 / 70000	**25**	40000000
22	1000000	**26**	400000

 연산⁺

42 / 42   **답** 42

 연산 놀이터   **답**

---

1 2700000000 또는 27억

2 36100000000 또는 361억

3 594800000000 또는 5948억

4 679120000 또는 6억 7912만

5 47316080000 또는 473억 1608만

6 849207350000 또는 8492억 735만

7	십삼억	**13**	4600000000
8	사백오십구억	**14**	38700000000
9	칠천삼백팔십육억	**15**	120500000000
10	이백십칠억 오천팔백사십이만	**16**	45973680000
11	오천삼백육십일억 칠천백만	**17**	682342070000
12	구천육십이억 팔백구만	**18**	820700640000

19 10000000000 / 300000000

20 400000000000 / 6000000000

21 20000000000

22	1000억에 ○표	**24**	200억에 ○표
23	40억에 ○표	**25**	8억에 ○표

 연산⁺

백억에 ○표, 30000000000 /
십만에 ○표, 300000

답 30000000000, 300000

 연산 놀이터   **답**

1 24000000000000 또는 24조

2 617000000000000 또는 617조

3 9305000000000000 또는 9305조

4 375498600000000 또는 375조 4986억

5 5194208700000000 또는 5194조 2087억

6 7428005000000000 또는 7428조 50억

7 삼십육조

8 오백사십일조

9 구천이백조

10 사백팔십오조 삼천구백십육억

11 팔천육백이십팔조 칠백사십구억

12 칠천백사조 삼백팔십억

13 14000000000000

14 327000000000000

15 4709000000000000

16 621587300000000

17 5137810200000000

18 9068005100000000

19 300000000000000 / 2000000000000

20 5000000000000000 / 70000000000000

21 100000000000000

22 1조에 ○표

23 3000조에 ○표

24 400조에 ○표

25 70조에 ○표

조에 ○표 / ㉡　답 ㉡

답

1 55000, 65000

2 550만, 570만

3 4700억, 4800억

4 348조, 350조

5 10000

6 1000000

7 1억

8 20억

9 10조

10 300조

11 3772만, 3782만

12 2억 5580만, 2억 7580만

13 7419억, 8419억

14 79조 43억, 82조 43억

15 2653조, 3053조

3 / 14만, 16만, 18만　답 18만

답

풀이

850억 － 880억 － 910억 － 940억 － 970억 － 1000억

1 531000, >, 85200

2 478000, <, 479000

---

3 < **11** >

4 > **12** >

5 > **13** <

6 < **14** >

7 > **15** <

8 > **16** <

9 > **17** <

10 < **18** >

---

19 > **25** (   )
(○)
20 < (△)

21 > **26** (△)
(   )
22 > (○)

23 > **27** (○)
(△)
24 > (   )

3459302, 3470200 / <, 행복에 ○표

답 행복

 답

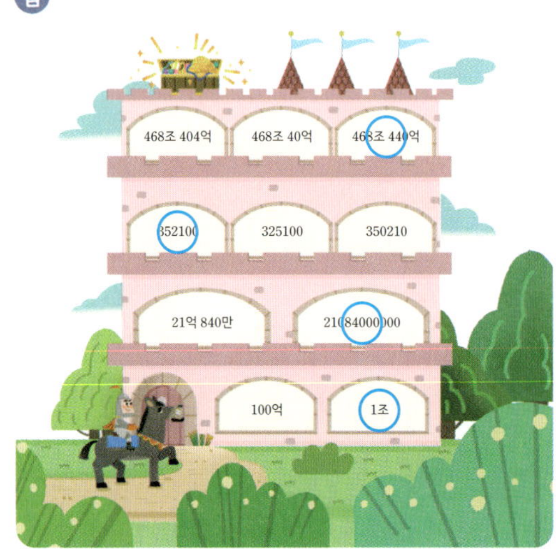

1 10000 또는 1만

2 3760000 또는 376만

3 574800000000 또는 5748억

4 6020000000000000 또는 6020조

5 칠만 오천팔십삼   **6** 사천구백오만 천팔백

7 삼억 이천사백칠만

8 육백오십조 구천백사십일억

9 26403   **10** 350742

11 28031060000   **12** 70800451090000

13 1000000 또는 100만

14 800000 또는 80만

15 5000000000 또는 50억

16 2000000000000 또는 2조

17 56190, 76190

18 8조 9300억, 9조 1300억

19 >   **20** <

21 <   **22** >

23 지원   **24** 1000배

25 15억 73만, 18억 73만

26 7, 8, 9   **27** ㉢   **28** 100장

29 410만 원   **30** 화성

27 백만의 자리 숫자는 ㉠ 3, ㉡ 2, ㉢ 9, ㉣ 0입니다. 따라서 백만의 자리 숫자가 가장 큰 수는 ㉢입니다.

28 100만이 10개이면 1000만, 1000만이 10개이면 1억이므로 100만이 100개이면 1억입니다. 따라서 100만 원짜리 수표는 모두 100장 필요합니다.

29 5년 후 예나네 가족이 기부한 돈은 360만 원에서 10만 원씩 5번 뛰어 센 것과 같습니다.
360만 - 370만 - 380만 - 390만 - 400만 - 410만

30 57900000<1억 821만<1억 4960만<227940000
따라서 태양으로부터 가장 멀리 있는 행성은 화성입니다.

2주 4일차 ❶ 각도의 합(1)

1 50		**4** 80	
2 85		**5** 110	
3 115		**6** 155	

7 45°	**14** 160°	**21** 180°
8 60°	**15** 150°	**22** 145°
9 70°	**16** 120°	**23** 185°
10 75°	**17** 160°	**24** 165°
11 90°	**18** 170°	**25** 260°
12 75°	**19** 145°	**26** 265°
13 155°	**20** 140°	**27** 290°

28 50°	**34** 140°
29 125°	**35** 170°
30 95°	**36** 155°
31 200°	**37** 195°
32 180°	**38** 210°
33 215°	**39** 275°

2주 5일차 ❷ 각도의 합(2)

1 60°	**5** 170°	**9** 140°
2 95°	**6** 155°	**10** 175°
3 90°	**7** 180°	**11** 230°
4 100°	**8** 240°	**12** 240°

13 40°	**19** 55°
14 90°	**20** 100°
15 160°	**21** 150°
16 195°	**22** 170°
17 270°	**23** 175°
18 340°	**24** 125°

25 <	**31** ( )
	( )
26 >	(○)
27 >	**32** (○)
	( )
28 <	( )
29 >	**33** ( )
	(○)
30 =	( )

연산⁺

115, 30 / 115, 30, 145 **답** 145

연산 놀이터 **답**

풀이 • 85°+45°=130° • 35°+95°=130°
• 45°+60°=105° • 30°+80°=110°
• 15°+110°=125°

연산 놀이터 **답**

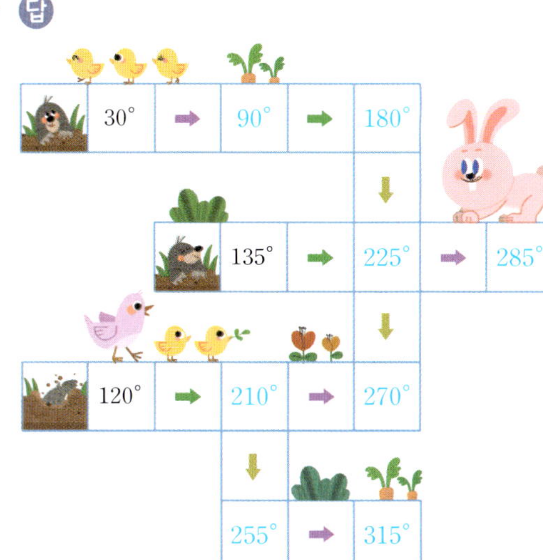

1 40

2 45

3 40

4 60

5 55

6 70

---

7 30°

8 10°

9 25°

10 55°

11 25°

12 35°

13 70°

14 90°

15 110°

16 85°

17 125°

18 75°

19 20°

20 75°

21 40°

22 10°

23 25°

24 15°

25 45°

26 50°

27 110°

---

28 10°

29 65°

30 40°

31 65°

32 105°

33 135°

34 45°

35 120°

36 40°

37 55°

38 20°

39 80°

연산 놀이터 답

풀이
- 120° − 55° = 65° ➡ 예각
- 150° − 20° = 130° ➡ 둔각
- 160° − 110° = 50° ➡ 예각
- 225° − 90° = 135° ➡ 둔각
- 100° − 10° = 90° ➡ 직각
- 270° − 130° = 140° ➡ 둔각

1 20°

2 45°

3 35°

4 50°

5 30°

6 95°

7 85°

8 95°

9 50°

10 45°

11 55°

12 50°

---

13 25°

14 100°

15 60°

16 55°

17 45°

18 15°

19 10°

20 35°

21 80°

22 85°

23 50°

24 30°

---

25 <

26 >

27 <

28 =

29 >

30 >

31 (　　)　(　　)　(△)

32 (△)　(　　)　(　　)

33 (　　)　(△)　(　　)

연산 놀이터

60, 45 / 60, 45, 15　답 15

연산 놀이터 답

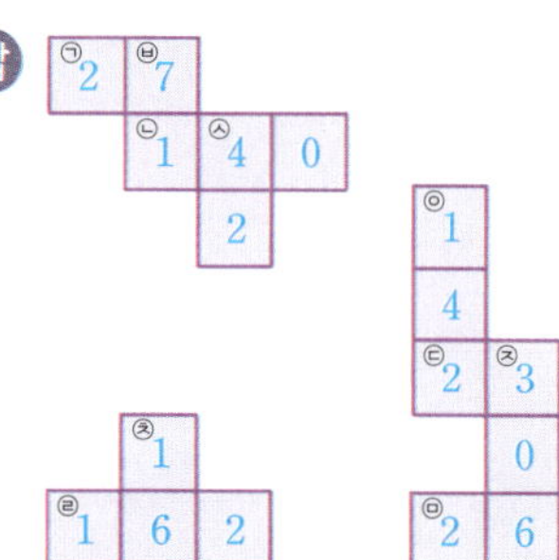

풀이　<가로 열쇠>
- ㉠ 70° − 43° = 27°
- ㉡ 160° − 20° = 140°
- ㉢ 180° − 157° = 23°
- ㉣ 291° − 129° = 162°
- ㉤ 150° − 124° = 26°

<세로 열쇠>
- ㉥ 128° − 57° = 71°
- ㉦ 235° − 193° = 42°
- ㉧ 150° − 8° = 142°
- ㉨ 346° − 40° = 306°
- ㉩ 75° − 59° = 16°

1 65, 180

2 90, 180

3 40, 180

4 100		**9** 45	
5 35		**10** 40	
6 60		**11** 85	
7 115		**12** 35	
8 20		**13** 130	

14 80°	**20** 35°
15 25°	**21** 20°
16 50°	**22** 65°
17 40°	**23** 35°
18 45°	**24** 90°
19 120°	**25** 35°

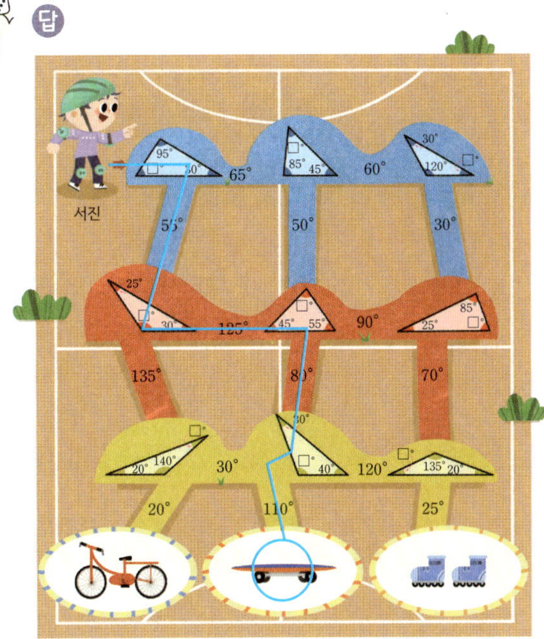

1 85		**4** 65	
2 45		**5** 70	
3 110		**6** 35	

7 120°	**12** 140°
8 130°	**13** 75°
9 155°	**14** 115°
10 90°	**15** 135°
11 165°	**16** 65°

17 120	**20** 75
18 65	**21** 135
19 140	**22** 145

연산

180 / 85, 35, 70, 190 /
25, 115, 40, 180 / ㉠에 ○표   답 ㉠

연산 놀이터   답

풀이
- $\square = 180° - 50° - 65° = 65°$
- $\square = 180° - 70° - 40° = 70°$
- $\square = 180° - 55° - 65° = 60°$
- $\square = 180° - 45° - 65° = 70°$

1 115, 360

2 80, 360

3 90, 360

4 70 **9** 80

5 50 **10** 60

6 140 **11** 65

7 95 **12** 85

8 100 **13** 75

14 115° **20** 40°

15 110° **21** 70°

16 145° **22** 115°

17 100° **23** 55°

18 130° **24** 75°

19 70° **25** 90°

연산 놀이터 답

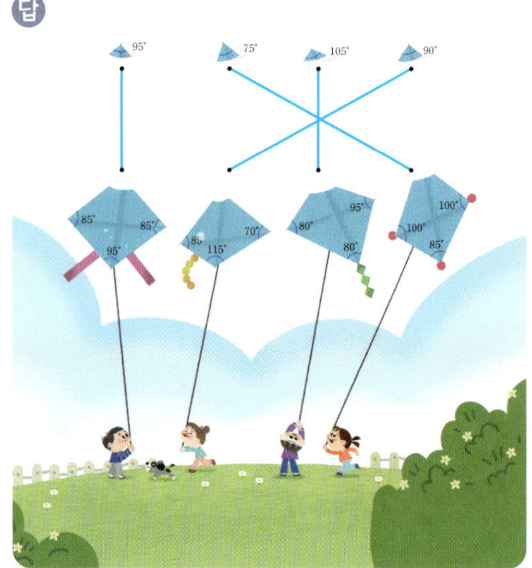

풀이
- $360° - 85° - 95° - 85° = 95°$
- $360° - 85° - 115° - 70° = 90°$
- $360° - 80° - 80° - 95° = 105°$
- $360° - 100° - 85° - 100° = 75°$

1 125 **4** 75

2 50 **5** 105

3 55 **6** 40

7 145° **12** 135°

8 220° **13** 130°

9 235° **14** 190°

10 90° **15** 185°

11 180° **16** 115°

17 60 **20** 125

18 95 **21** 105

19 100 **22** 75

연산

360 / 90, 75, 110, 85, 360 /
65, 55, 150, 100, 370 / 승우에 ○표

답 승우

연산 놀이터 답 다 지역

풀이 가 지역: 사각형의 남은 한 각의 크기가
90°이므로 ◆＋♥＋♣＝270°
입니다.
나 지역: ◆＋♥＋♣＝180°
다 지역: 사각형의 남은 한 각의 크기가
90°보다 작으므로 ◆＋♥＋♣
은 270°보다 큽니다.
따라서 도자기가 묻혀 있는 지역은 다 지역
입니다.

1	125	2	55	3	70°
4	125°	5	35°	6	40°
7	155°	8	85° / 170°		
9	55°	10	50° / 105°		
11	50	12	40	13	80
14	70	15	30°	16	95°
17	145°	18	65°		
19		20	225° / 55°		
21	60°	22	85°		

23 $180° - 70° = 110°$ / 110°

24 $360° - 75° - 80° - 120° = 85°$ / 85°

25 $360° - 115° - 90° - 50° = 105°$ / 105°

---

20 · 합: $140° + 85° = 225°$
  · 차: $140° - 85° = 55°$

21 $180° - 110° = 70°$ 이므로
  $㉠ = 180° - 50° - 70° = 60°$ 입니다.

22 $360° - 95° - 65° - 105° = 95°$ 이므로
  $㉠ = 180° - 95° = 85°$ 입니다.

23 삼각형의 세 각의 크기의 합은 $180°$ 입니다.
  (나머지 두 각의 크기의 합) $= 180° - 70° = 110°$

24 사각형의 네 각의 크기의 합은 $360°$ 입니다.
  보이지 않는 부분의 각도는
  $360° - 75° - 80° - 120° = 85°$ 입니다.

25 삼각형 ㄱㄴㄷ에서
  (각 ㄴㄱㄷ) $= 180° - 40° - 90° = 50°$ 입니다.
  사각형 ㄱㄹㅁㄷ에서
  (각 ㄱㄹㅁ) $= 360° - 115° - 90° - 50° = 105°$ 입니다.

4주 3일차 ❶ (몇백)×(몇십)

1	6000	5	9000	9	5000
2	10000	6	63000	10	64000
3	18000	7	32000	11	45000
4	28000	8	30000	12	21000

13	18000	18	15000	23	8000
14	16000	19	63000	24	24000
15	21000	20	42000	25	54000
16	24000	21	20000	26	14000
17	54000	22	56000	27	72000

28	4000	32	15000
29	48000	33	18000
30	56000	34	45000
31	36000	35	49000

연산➕

200, 60 / 200, 60, 12000   답 12000

연산 놀이터   답

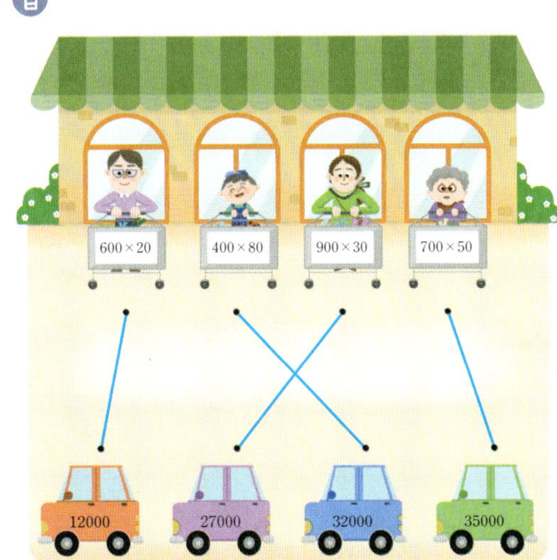

1 3860	**3** 15100	**5** 24960
2 8520	**4** 12630	**6** 36300

7 3390	**12** 9640	**17** 22540
8 6340	**13** 3580	**18** 56400
9 25020	**14** 24840	**19** 13710
10 37940	**15** 24180	**20** 37100
11 35150	**16** 41520	**21** 73440

22 5360	**29** 5430
23 6330	**30** 10520
24 19500	**31** 13780
25 28490	**32** 21250
26 30450	**33** 48060
27 48600	**34** 56960
28 66500	

  연산 놀이터 답

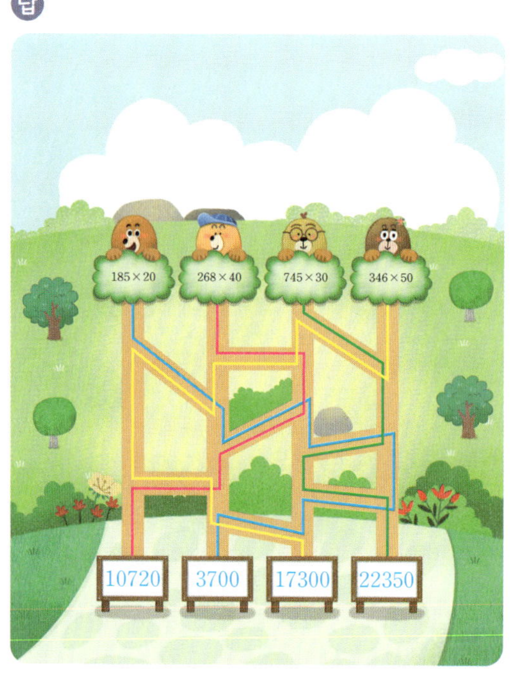

1 4680	**4** 16840	**7** 40650
2 5910	**5** 26600	**8** 29520
3 18630	**6** 33840	**9** 55360

10 3360	**15** 9440	**20** 9560
11 8320	**16** 18900	**21** 15700
12 19170	**17** 33670	**22** 18200
13 29200	**18** 17700	**23** 25260
14 38520	**19** 43440	**24** 11360
		25 51100
		26 61650

27 27300	**31** 9300 / 24800
28 22140	**32** 12140 / 30350
29 39830	**33** 33680 / 58940
30 18320	

연산

355, 20 / 355, 20, 7100  답 7100

연산 놀이터 답

풀이 [목줄] $176 \times 40 = 7040$
$307 \times 20 = 6140$
➡ $7040 > 6140$
[옷] $531 \times 30 = 15930$
$249 \times 70 = 17430$
➡ $15930 < 17430$

1	3234	3	12096	5	8456
2	3568	4	10511	6	25130

7	2366	12	18518	17	26036
8	6850	13	10944	18	30195
9	18928	14	48280	19	41552
10	23092	15	8622	20	32375
11	18653	16	31626	21	59421

22	4554	29	3287
23	10150	30	10952
24	2835	31	18952
25	23328	32	29727
26	14448	33	39444
27	27907	34	69560
28	55342		

답 9205

풀이
- $164 \times 18 = 2\boxed{9}52$ ➡ ㉠ = 9
- $349 \times 21 = 73\boxed{2}9$ ➡ ㉡ = 2
- $207 \times 49 = 1\boxed{0}143$ ➡ ㉢ = 0
- $531 \times 34 = 180\boxed{5}4$ ➡ ㉣ = 5

1	3885	3	8064	5	24050
2	10191	4	17353	6	38584

7	5112	12	6552	17	6528
8	18972	13	13395	18	9380
9	23004	14	29326	19	34146
10	11640	15	64676	20	15308
11	43848	16	48312	21	20492
				22	11866
				23	46278

24	9717	27	2142 / 4564
25	28186	28	48848 / 32660
26	35402	29	29055 / 38376

147, 21 / 147, 21, 3087 답 3087

답 11375

풀이

숨어 있는 수: 1, 3, 5, 7, 8
가장 큰 세 자리 수: 875
가장 작은 두 자리 수: 13
➡ 만든 두 수의 곱: $875 \times 13 = 11375$

1	6	4	2	7	3
2	5	5	9	8	5
3	6	6	8	9	7

10	5	15	2	20	6
11	7	16	7	21	8
12	6	17	9	22	5
13	9	18	3	23	7
14	8	19	5	24	9

25	3	29	9
26	9	30	4
27	4	31	7
28	8	32	7

160, 40 / 160, 40, 4 답 4

연산 놀이터 답

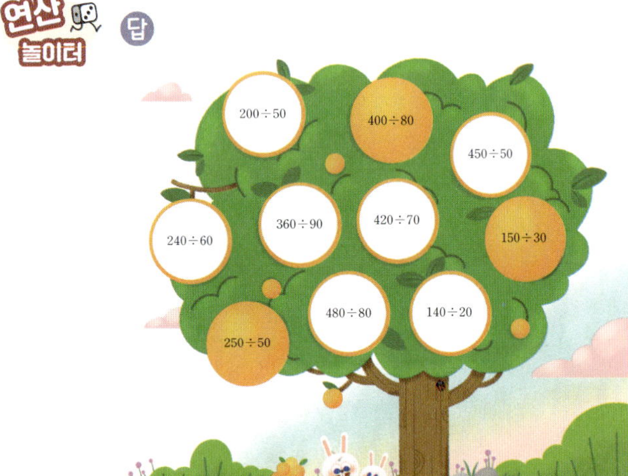

풀이
- $200 \div 50 = 4$
- $400 \div 80 = 5$
- $450 \div 50 = 9$
- $240 \div 60 = 4$
- $360 \div 90 = 4$
- $420 \div 70 = 6$
- $150 \div 30 = 5$
- $250 \div 50 = 5$
- $480 \div 80 = 6$
- $140 \div 20 = 7$

1	2…9	4	1…3	7	3…4
2	2…5	5	1…26	8	3…18
3	2…7	6	1…2	9	1…1

10	2…1	15	2…6	20	1…23
11	1…5	16	1…10	21	4…18
12	3…4	17	2…13	22	1…25
13	1…7	18	2…17	23	1…12
14	1…26	19	1…34	24	3…9

25	1…3	32	4, 5
26	2…3	33	1, 1
27	1…38	34	3, 2
28	1…16	35	2, 2
29	2…5	36	1, 16
30	3…18	37	4, 14
31	1…31		

연산 놀이터 답 우진

풀이
[우진] $67 \div 20 = 3…7$
[민경] $74 \div 20 = 3…14$

우진이의 놀이판				
6	20	8	✖	21
✖	✖	14	3	✖
13	17	1	✖	✖
11	9	22	10	24
4	23	7	✖	5

민경이의 놀이판				
✖	9	3	17	22
7	✖	✖	10	1
23	✖	21	24	✖
6	✖	8	13	4
✖	14	20	5	11

따라서 빙고 놀이에서 이긴 사람은 우진입니다.

1	3…1	**4**	1…3	**7**	1…22
2	2…9	**5**	2…8	**8**	2…11
3	1…27	**6**	1…14	**9**	1…35

10	2…7	**15**	2…26	**20**	1…9
11	1…5	**16**	1…14	**21**	1…27
12	1…8	**17**	3…3	**22**	2…14
13	1…23	**18**	1…27	**23**	1…6
14	1…21	**19**	2…15	**24**	4…16
				25	1…9
				26	1…38

27	3, 1	**31**	2, 4 / 1, 26
28	2, 5	**32**	4, 3 / 1, 7
29	1, 18	**33**	1, 5 / 2, 12
30	2, 27		

연산⁺

74, 10 / 74, 10, 7, 4   답 7, 4

연산 놀이터   답 서준

풀이 [유나] $93 \div 20 = 4 \cdots 13$
[서준] $67 \div 10 = 6 \cdots 7$
$4 < 6$이므로 몫이 더 큰 친구는 서준입니다.

1	6…17	**4**	9…3	**7**	7…11
2	5…6	**5**	4…19	**8**	8…24
3	5…5	**6**	9…8	**9**	4…42

10	6…9	**15**	7…14	**20**	9…29
11	6…4	**16**	9…15	**21**	8…6
12	4…7	**17**	7…18	**22**	1…46
13	7…3	**18**	8…12	**23**	5…35
14	5…6	**19**	6…21	**24**	9…24

25	8…7	**32**	7, 6
26	5…24	**33**	9, 8
27	4…24	**34**	3, 5
28	6…32	**35**	8, 17
29	3…18	**36**	6, 22
30	8…15		
31	9…43		

연산 놀이터   답

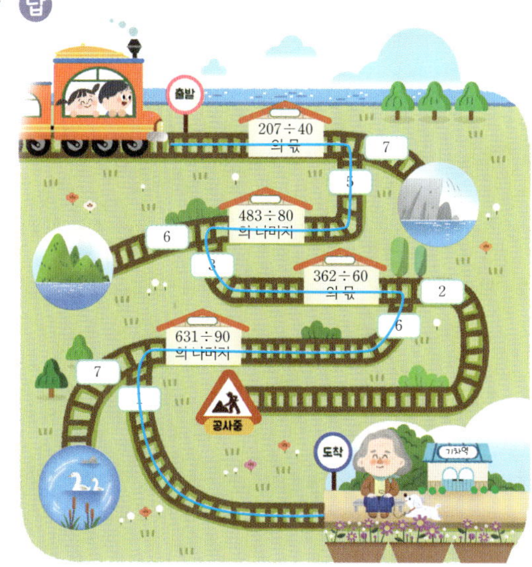

풀이 • $207 \div 40 = 5 \cdots 7$
• $483 \div 80 = 6 \cdots 3$
• $362 \div 60 = 6 \cdots 2$
• $631 \div 90 = 7 \cdots 1$

1 7…8	**4** 4…1	**7** 6…27
2 8…7	**5** 9…14	**8** 5…16
3 5…5	**6** 4…43	**9** 8…39

10 4…7	**15** 8…25	**20** 6…4
11 8…15	**16** 9…23	**21** 8…16
12 7…23	**17** 4…17	**22** 3…23
13 4…28	**18** 8…32	**23** 7…22
14 6…16	**19** 7…24	**24** 6…8
		25 9…1
		26 7…27

27 5, 2   **30** (위에서부터) 9, 7 / 4, 27

28 6, 28   **31** (위에서부터) 8, 15 / 3, 45

29 8, 16   **32** (위에서부터) 9, 21 / 7, 1

284, 30 / 284, 30, 9, 14   답 9, 14

풀이
- 171÷30=5…21
- 457÷50=9…7
- 485÷60=8…5

---

1 2	**3** 2	**5** 4
2 3	**4** 4	**6** 3

7 3	**12** 2	**17** 5
8 2	**13** 4	**18** 2
9 2	**14** 2	**19** 7
10 2	**15** 3	**20** 8
11 3	**16** 2	**21** 2

22 2	**29** 3
23 3	**30** 2
24 9	**31** 3
25 5	**32** 2
26 4	**33** 2
27 4	**34** 4
28 2	

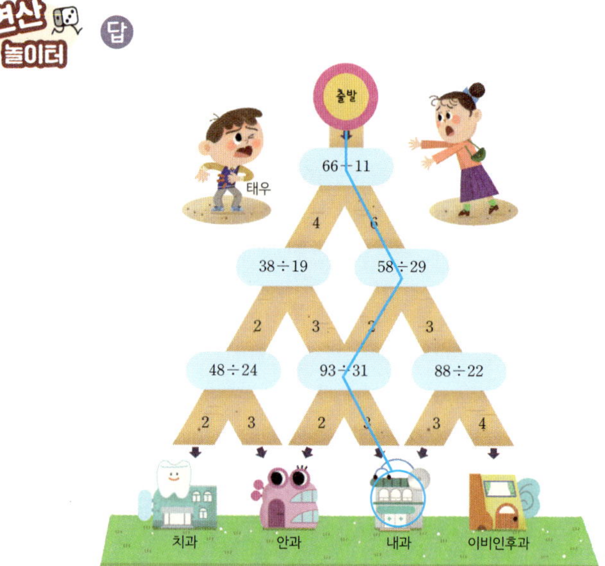

1 2	**4** 2	**7** 3
2 4	**5** 3	**8** 2
3 2	**6** 3	**9** 7

10 4	**15** 3	**20** 2
11 3	**16** 6	**21** 2
12 2	**17** 2	**22** 2
13 5	**18** 3	**23** 8
14 3	**19** 6	**24** 5
		25 3
		26 2

27 3	**31** 2 / 5
28 5	**32** 2 / 3
29 2	**33** 6 / 5
30 4	

연산★ 96, 16 / 96, 16, 6　**답** 6

연산놀이터　**답** 채송화

풀이 ① 92÷23=4 → 채
② 45÷15=3 → 송
③ 91÷13=7 → 화

1 1···3	**3** 2···6	**5** 2···9
2 2···2	**4** 3···10	**6** 2···15

7 1···4	**12** 2···3	**17** 2···8
8 2···1	**13** 2···7	**18** 3···10
9 4···2	**14** 2···9	**19** 2···12
10 2···4	**15** 2···5	**20** 4···17
11 1···14	**16** 2···11	**21** 1···26

22 2···9	**29** 2, 3
23 3···7	**30** 1, 8
24 1···12	**31** 3, 10
25 2···3	**32** 3, 9
26 2···14	**33** 4, 2
27 5···1	**34** 2, 13
28 4···2	

연산놀이터　**답**

풀이 • 75÷22=3···9
• 63÷31=2···1
• 42÷17=2···8
• 81÷26=3···3

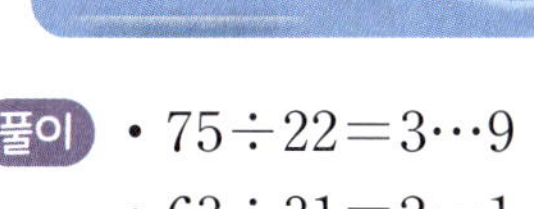

⓮ 나머지가 있는 (두 자리 수)÷(몇십몇) (2)

1	2⋯2	**4**	3⋯9	**7**	3⋯10
2	3⋯5	**5**	1⋯7	**8**	4⋯13
3	2⋯8	**6**	2⋯4	**9**	2⋯5

10	1⋯6	**15**	2⋯5	**20**	2⋯9
11	4⋯3	**16**	2⋯3	**21**	3⋯9
12	2⋯4	**17**	1⋯12	**22**	3⋯5
13	2⋯9	**18**	2⋯20	**23**	2⋯12
14	5⋯2	**19**	6⋯10	**24**	2⋯1
				25	1⋯23
				26	2⋯20

27	4, 6	**30**	3, 7 / 2, 7
28	2, 3	**31**	2, 1 / 4, 3
29	3, 13	**32**	2, 9 / 3, 12

연산⁺

92, 16 / 92, 16, 5, 12   답 5, 12

연산 놀이터   답

풀이
- 빨간색 장미: $74 \div 12 = 6 \cdots 2$
- 노란색 장미: $74 \div 14 = 5 \cdots 4$
- 파란색 장미: $74 \div 17 = 4 \cdots 6$

따라서 꽃다발을 만들고 남은 빨간색 장미 2송이, 노란색 장미 4송이, 파란색 장미 6송이로 만든 꽃다발을 찾으면 두 번째 꽃다발입니다.

⓯ 몫이 한 자리 수이고 나머지가 없는 (세 자리 수)÷(몇십몇) (1)

1	9	**3**	8	**5**	3
2	7	**4**	5	**6**	6

7	7	**12**	3	**17**	5
8	6	**13**	6	**18**	6
9	2	**14**	4	**19**	8
10	5	**15**	9	**20**	7
11	4	**16**	6	**21**	9

22	5	**29**	3
23	6	**30**	6
24	9	**31**	4
25	8	**32**	9
26	7	**33**	7
27	8	**34**	8
28	8		

연산 놀이터    답

❶ 몫이 한 자리 수이고 나머지가 없는
(세 자리 수)÷(몇십몇) (2)

1 9	**4** 6	**7** 5
2 7	**5** 9	**8** 6
3 4	**6** 8	**9** 8

10 6	**15** 7	**20** 6
11 5	**16** 3	**21** 3
12 7	**17** 5	**22** 7
13 9	**18** 4	**23** 6
14 7	**19** 9	**24** 4
		25 8
		26 9

27 7	**31** 6 / 4
28 7	**32** 3 / 7
29 9	**33** 7 / 8
30 8	

연산⁺

75, 600 / 600, 75, 8   답 8

연산 놀이터   답

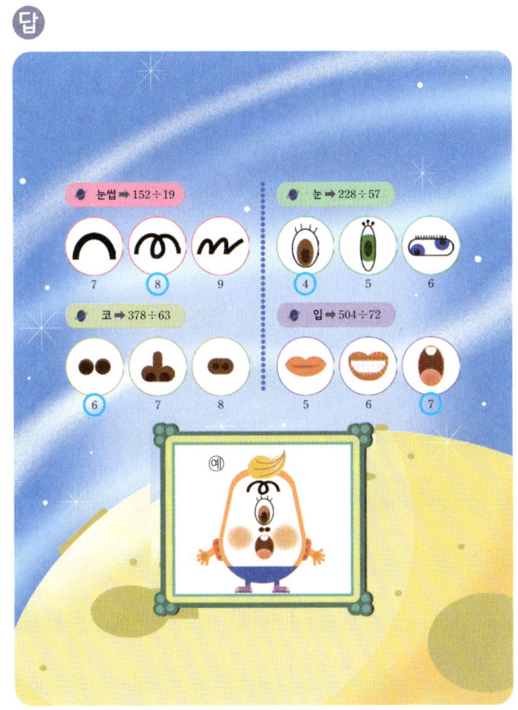

❷ 몫이 한 자리 수이고 나머지가 있는
(세 자리 수)÷(몇십몇) (1)

1 8⋯5	**3** 5⋯8	**5** 6⋯9
2 9⋯3	**4** 7⋯4	**6** 8⋯26

7 9⋯7	**12** 9⋯2	**17** 4⋯23
8 4⋯6	**13** 8⋯11	**18** 6⋯25
9 6⋯9	**14** 8⋯18	**19** 7⋯38
10 5⋯8	**15** 7⋯3	**20** 8⋯52
11 3⋯8	**16** 5⋯20	**21** 9⋯34

22 7⋯9	**29** 7, 12
23 9⋯8	**30** 6, 2
24 3⋯17	**31** 8, 35
25 5⋯16	**32** 5, 28
26 4⋯37	**33** 9, 15
27 6⋯24	
28 8⋯28	

연산 놀이터   답

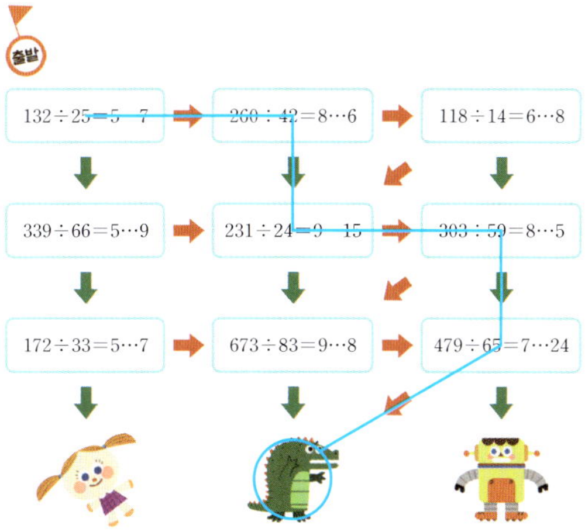

출발

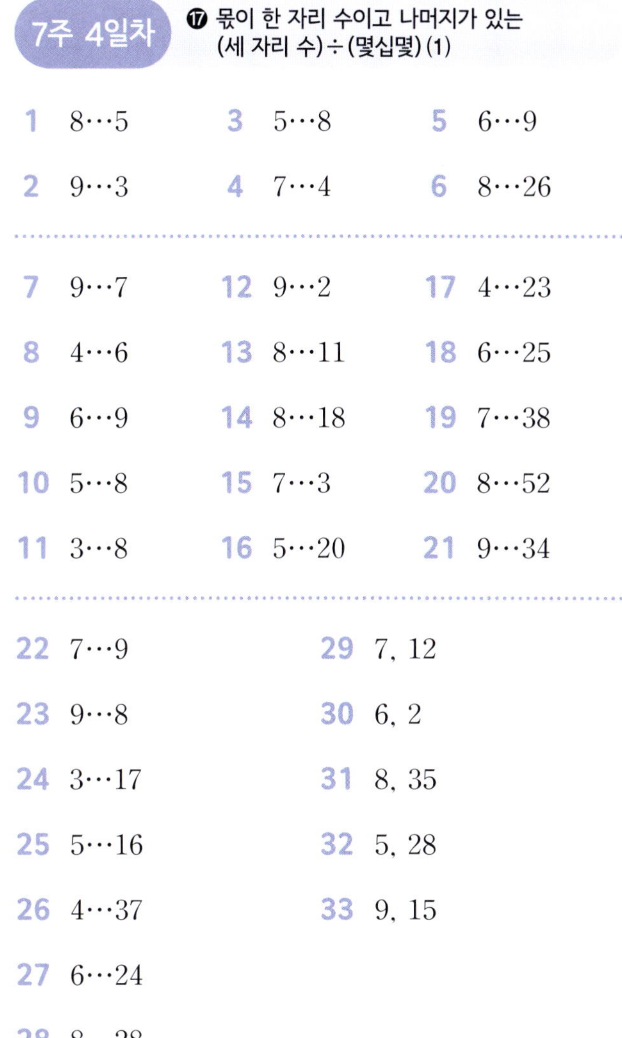

풀이
- 132÷25=5⋯7   · 260÷42=6⋯8
- 118÷14=8⋯6   · 339÷66=5⋯9
- 231÷24=9⋯15   · 303÷59=5⋯8
- 172÷33=5⋯7   · 673÷83=8⋯9
- 479÷65=7⋯24

 ⓲ 몫이 한 자리 수이고 나머지가 있는
(세 자리 수)÷(몇십몇) (2)

1	9…5	**4**	7…2	**7**	5…17
2	6…7	**5**	5…9	**8**	5…31
3	8…3	**6**	4…2	**9**	4…27

10	9…2	**15**	5…9	**20**	8…9
11	7…6	**16**	6…6	**21**	7…8
12	5…3	**17**	4…23	**22**	7…17
13	4…8	**18**	8…16	**23**	4…65
14	8…5	**19**	3…30	**24**	8…12
				25	8…25
				26	6…12

27	5, 24	**30**	3, 25 / 7, 1
28	7, 10	**31**	6, 18 / 4, 18
29	8, 1	**32**	7, 10 / 9, 24

287, 37 / 287, 37, 7, 28   **답** 7, 28

 **답** 청 팀

풀이 [백 팀] 458÷85=5…33
[청 팀] 367÷76=4…63
33<63이므로 경기에서 이긴 팀은 청 팀입니다.

 ⓳ 몫이 두 자리 수이고 나머지가 없는
(세 자리 수)÷(몇십몇) (1)

1	14	**3**	11	**5**	12
2	21	**4**	14	**6**	23

7	19	**12**	12	**17**	21
8	13	**13**	22	**18**	26
9	15	**14**	28	**19**	35
10	11	**15**	17	**20**	42
11	37	**16**	12	**21**	31

22	13	**29**	22
23	12	**30**	14
24	37	**31**	17
25	16	**32**	13
26	15	**33**	29
27	31	**34**	33
28	24		

 **답**

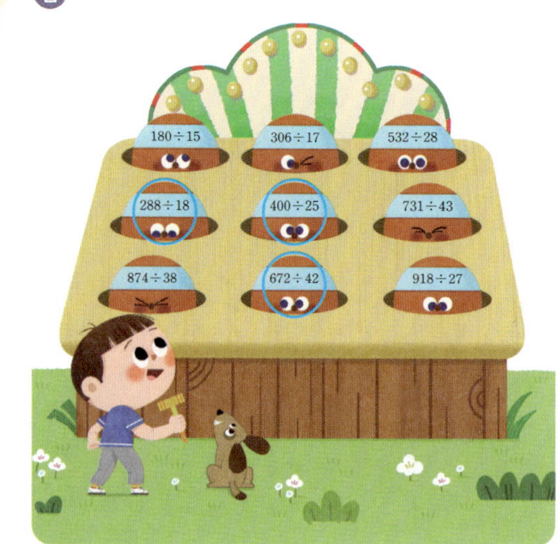

풀이 · 180÷15＝12   · 306÷17＝18
· 532÷28＝19   · 288÷18＝16
· 400÷25＝16   · 731÷43＝17
· 874÷38＝23   · 672÷42＝16
· 918÷27＝34

❷⓪ 몫이 두 자리 수이고 나머지가 없는
(세 자리 수)÷(몇십몇) (2)

1	12	**3**	13	**5**	18
2	14	**4**	26	**6**	23

7	24	**12**	27	**17**	18
8	17	**13**	26	**18**	15
9	12	**14**	48	**19**	21
10	23	**15**	32	**20**	13
11	18	**16**	12	**21**	34
				22	34
				23	19

24	31	**28**	19 / 51
25	42	**29**	29 / 36
26	14	**30**	13 / 16
27	23		

연산✨

432, 36 / 432, 36, 12   답 12

연산 놀이터   답

풀이
• 728÷56＝13
• 810÷45＝18
• 512÷16＝32

---

❷① 몫이 두 자리 수이고 나머지가 있는
(세 자리 수)÷(몇십몇) (1)

1	14⋯3	**3**	13⋯5	**5**	26⋯6
2	16⋯7	**4**	12⋯8	**6**	21⋯14

7	17⋯10	**12**	26⋯1	**17**	23⋯21
8	11⋯7	**13**	36⋯8	**18**	21⋯15
9	13⋯2	**14**	15⋯22	**19**	46⋯12
10	11⋯4	**15**	21⋯21	**20**	28⋯9
11	26⋯13	**16**	24⋯33	**21**	18⋯7

22	14⋯1	**29**	16, 6
23	40⋯8	**30**	12, 8
24	13⋯32	**31**	22, 5
25	16⋯6	**32**	27, 17
26	22⋯11	**33**	23, 25
27	32⋯2		
28	12⋯44		

연산 놀이터   답

풀이
• 496÷22＝22⋯12
• 154÷13＝11⋯11
• 672÷27＝24⋯24
• 327÷18＝18⋯3
• 546÷41＝13⋯13
• 936÷85＝11⋯1

1 12⋯4 **3** 13⋯1 **5** 34⋯6

2 21⋯3 **4** 15⋯5 **6** 15⋯12

---

7 19⋯3 **12** 17⋯5 **17** 10⋯21

8 12⋯15 **13** 12⋯1 **18** 14⋯24

9 18⋯13 **14** 33⋯19 **19** 17⋯9

10 31⋯10 **15** 64⋯4 **20** 35⋯7

11 14⋯8 **16** 12⋯70 **21** 21⋯11

22 36⋯8

23 11⋯2

---

24 16, 3 **27** (위에서부터) 26, 1 / 11, 13

25 17, 9 **28** (위에서부터) 25, 7 / 11, 11

26 22, 10 **29** (위에서부터) 21, 28 / 15, 7

200, 18 / 200, 18, 11, 2 **답** 11, 2

답 대관람차

풀이 [유령의 집] 349÷29＝12⋯1
[회전목마] 211÷13＝16⋯3
[바이킹] 824÷51＝16⋯8
[대관람차] 745÷65＝11⋯30
따라서 한나가 가장 먼저 탈 수 있는 놀이기구는 대관람차입니다.

---

1 3750 **2** 6992 **3** 22532

4 2⋯4 **5** 4⋯17 **6** 6

7 4⋯9 **8** 7⋯14 **9** 16

10 24000 **11** 30527 **12** 7

13 3⋯7 **14** 8 **15** 26⋯18

---

16 36000 / 13140

17 (위에서부터) 10189 / 8303

18 3 / 16 **19** (위에서부터) 5 / 3

20 (위에서부터) 2, 3 / 6, 11

21 (위에서부터) 6, 14 / 16, 4

22 32, 2 **23** 63, 3 **24** 

25 ㉡ **26** 4

27 (　　　) (　　　) (○)

28 637×45＝28665 / 28665개

29 84÷28＝3 / 3개

30 628÷40＝15⋯28 / 16대

31 24×12＝288, 288÷48＝6 / 6개

---

25 ㉠ 674÷50＝13⋯24 ㉡ 726÷40＝18⋯6
㉢ 510÷20＝25⋯10

26 92＞62＞31＞23이므로 가장 큰 수는 92이고,
가장 작은 수는 23입니다. ➡ 92÷23＝4

28 (45일 동안 마시는 우유 수)
＝637×45＝28665(개)

29 (한 상자에 담아야 하는 인형 수)
＝84÷28＝3(개)

30 628÷40＝15⋯28
버스 한 대에 40명씩 15대에 타면 28명이 남습니다.
남은 28명도 버스에 타야 하므로 버스는 적어도
15＋1＝16(대) 필요합니다.

31 (12명이 딴 귤 수)＝24×12＝288(개)
(필요한 바구니 수)＝288÷48＝6(개)

하루의 학습이 끝날 때마다 칭찬 농장에
붙임딱지를 붙여서 꾸며 보세요.

공부 습관을 키우는

___________ 의 칭찬 농장

↑ 이름을 쓰세요.

칭찬 농장을 완성했을 때의
부모님과의 약속♥

* 2022개정 교육과정이 2024학년도부터 학년별로 순차적으로 적용됩니다.

7권 초등 4-1	
교과서	학습 내용
큰 수	다섯 자리 수
	십만, 백만, 천만
	억, 조
각도	각도의 합
	각도의 차
	삼각형의 세 각의 크기의 합
	사각형의 네 각의 크기의 합
곱셈과 나눗셈	(세 자리 수)×(두 자리 수)
	(두 자리 수)÷(두 자리 수)
	(세 자리 수)÷(두 자리 수)

8권 초등 4-2	
교과서	학습 내용
분수의 덧셈과 뺄셈	진분수의 합과 차
	대분수의 합과 차
	(자연수)−(분수)
소수의 덧셈과 뺄셈	소수 알아보기
	소수의 덧셈
	소수의 뺄셈
삼각형, 사각형	삼각형
	수직과 수선
	사각형

9권 초등 5-1	
교과서	학습 내용
자연수의 혼합 계산	덧셈과 뺄셈, 곱셈과 나눗셈이 섞여 있는 식
	덧셈, 뺄셈, 곱셈, 나눗셈이 섞여 있는 식
약수와 배수	약수, 배수
	최대공약수, 최소공배수
약분과 통분	약분, 통분
분수의 덧셈과 뺄셈	분모가 다른 분수의 덧셈
	분모가 다른 분수의 뺄셈
다각형의 둘레와 넓이	정다각형, 사각형의 둘레
	직사각형의 넓이
	평행사변형, 삼각형, 마름모, 사다리꼴의 넓이

10권 초등 5-2	
교과서	학습 내용
수의 범위와 어림하기	이상, 이하, 초과, 미만
	올림, 버림, 반올림
분수의 곱셈	(분수)×(자연수)
	(자연수)×(분수)
	(분수)×(분수)
소수의 곱셈	(소수)×(자연수)
	(자연수)×(소수)
	(소수)×(소수)
평균과 가능성	평균 구하기

11권 초등 6-1	
교과서	학습 내용
분수의 나눗셈	(자연수)÷(자연수)의 몫을 분수로 나타내기
	(분수)÷(자연수)
소수의 나눗셈	(소수)÷(자연수)
	(자연수)÷(자연수)
비와 비율	비, 비율
	백분율
직육면체의 겉넓이와 부피	직육면체, 정육면체의 겉넓이
	직육면체, 정육면체의 부피

12권 초등 6-2	
교과서	학습 내용
분수의 나눗셈	(진분수)÷(진분수)
	(자연수)÷(분수)
	(대분수)÷(대분수)
소수의 나눗셈	(소수)÷(소수)
	(자연수)÷(소수)
	몫을 반올림하여 나타내기
비례식과 비례배분	비의 성질, 비례식의 성질
	비례배분
원의 넓이	지름, 반지름, 원주
	원의 넓이

쏙셈 1~12권 구성 한눈에 보기

하루한장 쏙셈은 교과서 모든 영역별 계산 문제를 학교 수업에 맞게 한 학기를 한 권으로 끝낼 수 있도록 구성하였습니다.
책별 다루는 내용을 확인하여 학습 계획에 활용해 보세요.

1권 초등 1-1

교과서	학습 내용
9까지의 수	9까지의 수
	9까지 수의 크기 비교
덧셈과 뺄셈	9까지의 수 모으기와 가르기
	합이 9까지인 수의 덧셈
	한 자리 수의 뺄셈
50까지의 수	19까지의 수 모으기와 가르기
	50까지의 수
	50까지 수의 크기 비교

2권 초등 1-2

교과서	학습 내용
100까지의 수	100까지의 수
	100까지 수의 크기 비교
세 수의 덧셈과 뺄셈	세 수의 덧셈
	세 수의 뺄셈
	10을 만들어 더하기
덧셈구구와 뺄셈구구	(몇)＋(몇)＝(십몇)
	(십몇)－(몇)＝(몇)
덧셈과 뺄셈	받아올림이 없는 (두 자리 수)＋(한 자리 수)
	받아올림이 없는 (두 자리 수)＋(두 자리 수)
	받아내림이 없는 (두 자리 수)－(한 자리 수)
	받아내림이 없는 (두 자리 수)－(두 자리 수)

3권 초등 2-1

교과서	학습 내용
세 자리 수	세 자리 수
덧셈과 뺄셈	받아올림이 있는 (두 자리 수)＋(한 자리 수)
	받아올림이 있는 (두 자리 수)＋(두 자리 수)
	받아내림이 있는 (두 자리 수)－(한 자리 수)
	받아내림이 있는 (두 자리 수)－(두 자리 수)
	세 수의 계산
	덧셈과 뺄셈의 관계
곱셈	묶어 세기
	몇의 몇 배
	곱셈식

4권 초등 2-2

교과서	학습 내용
네 자리 수	네 자리 수
곱셈구구	2단~9단 곱셈구구
	1단 곱셈구구와 0의 곱
	곱셈표
길이 재기	길이의 합
	길이의 차
시각과 시간	시각 읽기
	시간 알아보기
	하루의 시간, 일주일, 일 년 알아보기

5권 초등 3-1

교과서	학습 내용
덧셈과 뺄셈	(세 자리 수)＋(세 자리 수)
	(세 자리 수)－(세 자리 수)
나눗셈	곱셈과 나눗셈의 관계
	나눗셈의 몫 구하기
곱셈	(두 자리 수)×(한 자리 수)
길이와 시간	길이의 합과 차
	시간의 합과 차

6권 초등 3-2

교과서	학습 내용
곱셈	(세 자리 수)×(한 자리 수)
	(한 자리 수)×(두 자리 수)
	(두 자리 수)×(두 자리 수)
나눗셈	(몇십)÷(몇) / (몇십몇)÷(몇)
	(세 자리 수)÷(한 자리 수)
분수	분수 알아보기
	분수의 크기 비교
들이와 무게	들이의 합과 차
	무게의 합과 차

매일매일 부담 없이
공부 습관을 길러 주는
하루
한장